农家书屋
NONG JIA SHU WU

U0194936

ZHONGGUO LIANGYOU RENWUZHI

中国粮油人物志

主　编　陶玉德
副主编　刘新寰
编　著　王丽芳

河南大学出版社
·郑州·

图书在版编目(CIP)数据

中国粮油人物志/陶玉德主编. —郑州:河南大学出版社,2011.1(2012.5 重印)
ISBN 978-7-5649-0368-8

Ⅰ.①中… Ⅱ.①陶… Ⅲ.①农业—历史人物—生平—事迹—中国
Ⅳ.①K826.3

中国版本图书馆 CIP 数据核字(2011)第 015199 号

责任编辑 胡长瑞
责任校对 马素菲
整体设计 王四朋 王小娟 王 勃
插　　图 孙利敏

出版发行 河南大学出版社
地址:郑州市郑东新区商务外环中华大厦 2401 号　　邮编:450046
电话:0371-86059712(高等教育出版分社)　　网址:www.hupress.com
0371-86059715(营销部)
排　版 郑州市今日文教印制有限公司
印　刷 郑州海华印务有限公司
版　次 2011 年 1 月第 1 版　　**印　次** 2012 年 5 月第 2 次印刷
开　本 787mm×1092mm 1/16　　**印　张** 10.25
字　数 218 千字　　**印　数** 27201—35200 册
定　价 25.00 元

总序 /FOREWORD

认识粮食　感知中国

中国文明史虽说非常古老,但粮食的起源和种植却远远长于5000年的历史。在中国农业发展的不同时期,五谷、六谷、九谷甚至百谷,交替成为粮食的代名词。唯一不变的是粮食的价值。

国以民为本,民以食为天。粮食在中国历史、文化、经济的发展中一直占据重要位置。小到人们的日常生活,大到政治事件、国与国的多数军事行动,都与粮食有着或明或暗的牵连,如秦始皇统一度量衡、曹操的官渡坑降、清军入关……粮食在其中扮演着一个隐形的、无台词的主角。

随着工业革命和科技革命的兴起与发展、现代化和信息化进程的日新月异,中国农耕文明逐渐嬗变,并向着农业现代化高速前行。在经济形态不断变革的新形势下,粮食经济拥有的自身属性与产业链条都在发生质的变化。

一

英国人拉吉·帕特尔的《粮食战争》一书,让人们看到一场另类的没有硝烟的"战争"——粮食不仅是一种生存资源,而且成为一种战略武器。

粮食在快速的贸易中被市场化,在高速的科技更替中被高产化、转基因化;粮食本来是必需品,但在全球量化宽松时代,粮食的金融属性更加凸显,成为资本逐利的投资品;粮食作为"白金"已成为新的泛货币化的价值符号,并在全球流动性泛滥的情况下,推动国际大宗商品价格屡创新高……谁控制了粮食,谁就拥有了资本,谁就能控制整个世界,这让人不寒而栗。

对于中国这个拥有世界1/5人口的国家,粮食战略与安全显得尤为重要。杂交水稻之父袁隆平曾直言，中国的粮食安全是“一场输不起的战争”。农业部部长韩长赋亦再三呼吁，中国人的饭碗必须牢牢端在自己手里。

虽说中国农产品自给率很高，粮食也连续7年增产，缔造了世界的奇迹，但我们的粮食生产却依然面临着耕地短缺、基础设施不足、自然灾害增多、环境(土壤、水质)污染加重、市场资本化与科技化羸弱的不利局面，粮食供给仍处于紧平衡状态，品种结构和地区分布也不平衡。粮食安全仍然是一个不可掉以轻心的重大战略问题。

对此，我们有过不堪回首的太多太沉重的记忆。且不说20世纪50年代末对粮食产量的虚报浮夸，也不提三年困难时期粮食匮乏对国人的致命威胁，近30年来，我们有过圈地导致耕地急剧减少的教训，有过缩减种粮面积造成抛荒或“双改单”的失误，有过无视国情以生物质燃料替代原油而造成的苦果，有过面对特大自然灾害难以抵御的几分无奈。“七连增”之前一年——2003年全国粮食产量跌至8614亿斤即为例证。

“我们要有忧患意识，始终保持清醒的头脑。同时，又要树立信心，信心就像太阳一样，充满光明和希望。”站在新的历史起点上，温家宝总理再次以坚定的语气，向世界传递出中国政府的自信和清醒。

谁知岁丰歉，实系国安危。在世界粮食危机愈演愈烈的当下，对于粮食之价值与国情，我们理应清醒认知。

二

粮食如此重要，因此我们必须对粮食的生产者——农民给予高度的敬重，对他们的生存生产现状给以清醒的分析和认识，以保证他们合理的利益诉求，调动他们生产粮食的积极性。

农民与粮食是天然不可分割的。但随着时代的发展，农民的生存状况与过往不可同日而语。过去，农民是“纯粹”的农民，日出而作，日落而息，一辈子被紧紧地拴在一小块土地上；现在，随着城镇化进程的提速，许多农民走进工厂车间、建筑工地，成了城市建设和工业化的一分子，更不乏买房置业者，脱离了农村户口，成了城市市民。

农村劳动力减少导致的直接后果就是农田的抛荒和农业的减产。

为了改变这种局面，国家出台了一系列惠农政策：免除农业税，提高粮食收购价，补贴农民种粮，加快水利基础设施建设……这在一定程度上提高了农民的种粮积极性，农民重新回归久违的土地。

这期间，新生代农民悄然兴起。与祖辈显著不同的是，他们不再满足面朝黄土背朝天的生活状态，不再固守传统的种植方式，有文化、懂技术、会经营成为新生代农民的显著特征，“职业农民”成为他们的耀眼名片。

他们中一些人借助土地流转的机遇，成了远近闻名的种粮大户；一些人依托高效农业和科技产品，让土地生出了"黄金"；一些人从粮食深加工中，破解了财富的密码。他们从五谷中体验到成功的快感，并以燎原之势，带动着整村、整乡、整县的农民依托粮食脱贫致富，奔上小康之路。

但是，随着城镇化、工业化建设的加速，农业生产又面临着一些新问题：一方面是耕地不断减少，18亿亩耕地红线几近逾越，保障粮食生产的条件岌岌可危；另一方面是农业比较效益低，种地产粮不挣钱，成为亟待解决的农业难题。

为了解决中国的粮食供给安全问题，必须创造条件，从源头上保证粮食的生产安全。而这一切有赖于正确处理各种矛盾，保证粮食生产的主体——农民的合理利益，培育知识化、职业化的农民。毕竟扎根广袤土地的知识化、职业化的农民最终将成为缔造中国粮食安全的基石。

三

由于历史原因，我们的粮食经济研究起步较晚，基础较为薄弱，存在着重宏观轻微观、重生产轻流通、重开发轻保护等方面的缺陷。系统梳理中国粮油生产、流通、加工、消费全链条，有利于人们在特定的案例中找出普遍的规律，认清客观的形势。

在几千年的农业实践中，中国粮食生产流通经历了若干不同的发展阶段，从刀耕火种到现代化种植，从以物易物的简单交易到现货、期货、资本综合并存的现代化贸易，从部落内交易到国内贸易再到世界范围内的贸易……现在粮食以及引发的粮市、粮世、粮势都与以往千差万别，但我们大部分人对粮食的认知还多简单地停留于糊口上。

作为全国唯一一份粮油行业大报，《粮油市场报》自1985年创刊以来，肩负为耕者谋利、为食者造福的使命，秉持信息食粮、财智向导的办报理念，一直以新闻的力量，执著耕耘于这片广袤的土地。在记录与见证粮食经济发展变革的过程中，我们越发感到粮食形势的多变和信息的重要性，也越发感到肩上的责任之重。

谷贱伤农，贵则伤末。"豆你玩"、"蒜你狠"、"姜你军"，由农产品上涨而引发的相关行业商品价格"水涨船高"，已直接地影响了我们每个人的生活。随着气候变化、人为炒作等因素影响的加深，刚性需求的加强，全球粮食危机的加剧，明天的不确定性也日益加重。粮食的价值与作用、种植与管理、流通与加工、消费与利用、开发与保护，都需要我们重新来解读、认知。

由《粮油市场报》联合河南大学出版社策划推出的"中国粮油书系"，以时代为经，以粮食生产境况、产业发展动态、粮油企业智慧、专家新锐视点、粮食经济地理为纬，突出诠释了当前粮食发展的重点、特征和演变，深入探讨了国家粮食安全、农产品价格以及"三农"等焦点话题，在真实、客观地反映中国粮食经济腾跃图景的同时，也向社会呈现了发展中出现的各种问题与难题。

只有了解粮食的人越多，对"米袋子"工程重视程度越高，才能真正消除粮食安全隐忧,实现民富国强。如果你希望享受丰富的物质生活,那么,就更应该具备以战略思维来看待粮食的智慧和眼光。

只有珍视粮食的价值,珍视农民的力量,我们才能读懂中国粮情国运,我们才能在广阔的天地里,畅快淋漓地品味五谷的芳香,汲取这些来自人与大自然合力带来的惠赐。

前言/PREFACE

食话史说　再现三千年农耕文明

民以食为天，从远古至今，一部农业文明史就是一部中华文明史。回望来路，每一粒五谷的孕育无不蕴藏着精彩纷呈的故事，每一个农具的演进背后又都隐藏着气吞山河的史诗。但农史作为一门相对独立的学科历史并不长。

传统史学注重的是人与人之间的关系。在阶级社会出现后，人与人之间的关系首先表现为阶级关系。政治是阶级斗争的技术，而战争是阶级斗争的最高表现形式，因而过去所谓的历史，主要是政治史和战争史。受当时政治制度和社会环境的影响，古代史学家或史事记录者大多将其视野专注于帝王将相和英雄人物，所谓英雄造时势或时势造英雄，农业在传统史学中是不受重视的。

然而，人类生活的常态是年复一年、日复一日的经济生活，而且政权的建立与巩固，军事较量的胜负得失，都离不开其赖以生存和发展的经济基础。因此，我们对古代经济和社会的探究自然应从农业开始。

当穿越时空长河，走近博大精深的千年“食史”，一位位杰出的农业科学家素面走来，他们不仅用笔记录下了农业生产方式、农业技术文明、农业生产的地域特点和各种农作物的栽培技术，而且都以农人的姿态出现在田野里、山林间、河坝上，他们就是农耕文明不断发展的推手和动力源。

传播、宣传灿烂的农耕文化，让广大读者了解伟大的农业科学家们开拓创新、敢为天下先、不懈追求真理的精神，是《粮油市场报》肩负的责任和使命。2010年，改版后的《粮油市场报》副刊特别推出“食话史说”栏目。

策划这个选题之初，我们就定位了写作风格：“说书”的形式，趣味的故事式讲述。在翻阅了大量的农史资料后，我们确定撷取自商汤时期至现代对中国农业发展有特殊贡献的管仲、李悝、氾胜之、贾思勰、陆龟蒙、王祯、徐光启、宋应星、张巨伯、辛树帜、袁隆平等40余位农业人物，通过对其生平事迹、主要农业著作与思想的介绍以及农业生产实践的描写，弘扬科学精神，倡导科学方法，宣传科学思想，传播农耕文明。

由于是趣说，所以文章加入了很多想象的画面，还有许多典故及传说。这样一来，枯燥难懂的概念一下子变得生动起来，抽象的人物形象也鲜活起来。“卜式:牧羊人的传奇”、“陆龟蒙:泥塘中的一朵莲”、“张謇:一人影响一座城”……的确，这个栏目其实就是想通过一种富于智慧和极易理解的方式，将农业科学与最广大的读者联系在一起。

令人高兴的是，这种方式得到了读者的认可。“食话史说”栏目推出后在业内引起强烈反响，其中不乏专家学者的关心和肯定，他们提出了许多指导性意见，还在百忙中对稿件进行审阅修改，更有读者来信来电希望结集成书，这同我们推出栏目之初的设想不谋而合。

于是，我们重新走进历史长河——对2010年“食话史说”栏目所发稿件进行精选再编，以结集出版《中国粮油人物志》。编读着这些大家们“为农而生”的文字，心头充满了无限感慨和自豪，感慨于中国农学的博大，感慨于古老而灿烂的农耕文明。

真诚地希望读者通过本书，理解和领会——甚至是赞叹和欣赏——传统农耕文化的奇迹和成就。

编 者

目录 /CONTENTS

伊　尹：
治大国若烹小鲜

2009年年底，一尊商汤王的汉白玉雕像在商汤王陵前揭幕。商汤王陵位于偃师市山化乡蔺窑村，此地就是历史传说故事“伊尹放太甲”之处。

传说，伊尹的父亲是个既能屠宰又善烹调的家奴厨师，他的母亲是居于伊水之上采桑养蚕的奴隶。他母亲生他之前梦感神人告知：“臼出水而东走，毋顾。”第二天，她果然发现臼内水如泉涌。这个善良的采桑女赶紧通知四邻向东逃奔20里，回头看时，那里的村落已变成一片汪洋。她因为违背了神人的告诫，所以化为空桑。有莘氏女采桑，发现空桑中有一婴儿，便带回抚养，这便是伊尹。

人物档案

伊尹(生卒年不详)，商初大臣，中国第一位奴隶出身的宰相，帮助商汤统一了国家，又帮太甲中兴商朝，世人尊其为元圣。他也是商汤一代名厨，有“烹调之圣”的美称。

伊尹为了见到商汤，自愿作为有莘氏女的陪嫁之臣。他背负鼎俎为商汤烹炊，成为商汤的家用“小臣”(家奴)。一次，商汤在宗庙里举行祈福的祭祀，伊尹借商汤询问饭菜之事向他详细讲述了天下美味的精妙。伊尹说：“肉类，水中的动物肉有腥味，食肉动物肉臊，食草动物肉膻，要使这些肉成为美味，水是第一重要，然后用甜、酸、苦、辣、咸五种味道，菝草、甘草等多种调料，谁先加谁后加，谁多谁少，很有讲究。火候很关键，快慢缓急掌握好，能很好地去除腥味，去掉臊味，减少膻味。美味全由鼎中精妙的变化而产生，只能意会不能言传，就像射箭驾马、阴阳变化、四季规律那样，须花费时间，多多实践，细心观察体会。掌握了其中的奥妙，制出的肉就会熟而不烂、香而不薄、肥而不腻，五味恰到好处。”

商汤听了伊尹的论述很高兴，说：“你能做吗？”伊尹回答说：“你的国家太小，不能满足置办制作美味食品所需要的东西，只有你成了天子，才有具备的条件。我给你讲一讲天下的美味特产吧。最美味的肉有猩猩的唇、獾獾的掌、隽燕的尾、述荡的蹄筋、牦牛的尾和大象的鼻。美味的鱼有洞庭的鳆鱼，澧水的朱鳖——六只脚，有百串透明的珠子，藿水的鳐鱼——像鲤鱼却长着飞翼，经常从西海夜飞，游于东海。菜中的美味有昆仑山上的蘋、寿木的花、南极石崖上青色的嘉树、阳华山的芸、云梦泽的芹、具区泽的菁、浸渊的士英。调和味道的美味调料有阳朴的姜、招摇的桂、越骆的菌、大夏的盐、宰揭的露、长泽雪白如玉的卵。做美味饭食的粮食有玄山的禾麦、不周山的小米、阳山的黄黍、南海的黑米。以上这些美味特产，要想得到它们，必须用'青龙'、'遗风'等快马，如果不成为天子，无法全部得到。但天子不能强为，必须懂得古往今来治国之道。治国如同做菜，既不能操之过急，也不能松弛懈怠，只有恰到好处，才能把事情办好。"

商汤听了伊尹关于美味和天下特产，又联系治国之道的论述后，认为伊尹有经天纬地之才，便免其奴隶身份，聘为自己的老师。《孟子·公孙丑下》记载："故汤之于伊尹，学焉而后臣之，故不劳而王。"可见伊尹是我国第一个帝王之师。

伊尹做了商汤的老师，教给商汤一些什么知识呢？

伊尹教给了商汤谋划灭夏的方略和治国驭民之道。为帮助商汤灭夏，伊尹曾以厨师身份进入夏桀王宫廷做厨师。其间，伊尹通过与夏桀王遗弃的元妃妹喜交往，了解到夏桀王宫廷内部的许多重要情报。归去后商汤拜他为右相，授之于国政。伊尹辅佐商汤大力发展农耕，铸造兵器，训练军队，使商的国力更加强大起来。为了测试九夷之师对夏桀王的态度，伊尹劝说商汤停止对夏桀王的贡纳。结果夏桀王大怒，起九夷之师攻商汤。伊尹看到九夷之师还听夏桀王的指挥，就献计商汤暂时恢复对夏桀王的贡纳。

大约在公元前1601年，伊洛河流域大旱，河水断流，民不聊生。伊尹决定再次停止对夏桀王的贡纳，夏桀王虽再次起兵，但九夷之师不起，在政治和军事上完全陷入孤立无援的困境。伊尹看到灭夏的时机已经成熟，便协助商汤讨伐夏桀王。商汤在灭掉夏王朝的三个属国后，挥师西进，很快攻占了夏王朝的中心地区，夏王朝灭亡。

此战是伊尹教给商汤伐夏战略的胜利，也是伊尹助商汤建立商王朝立的首功。随后，伊尹辅佐商汤制定、健全了各种规章制度，使官吏尽心尽力为国家效劳。他注意体察民情，吸取夏王朝灭亡的教训，注意发展农业生产，发展经济，爱护民众。因此，商朝初期政治安定，经济繁荣。

伊尹除了精于烹调外，还通晓药性，闲暇时同商汤聊天，时常探讨一些医学上的问题，而亲手调制汤液治病救人更是家常便饭。当时医生给病人用的都是单味药，由于单味药作用范围和力量有限，难以控制复杂和危重的病症，职业习惯使伊尹自然联想到烹调中做汤的方法，他试着把功能相同或相近的药物放在一起煎煮，由此诞生了中药复方，即方剂。煮出的汤液疗效优于单味药，因此古有"伊尹制汤液而始有方剂"一说。

据说伊尹活了100多岁。在今洛阳嵩县城南沙沟龙头村，明代曾重修过的"元圣祠”，是作为纪念伊尹生地而立的。祠堂有副对联说：“志耕莘野三春雨，乐读尼山一卷书。”上联说的是伊尹事耕桑于莘野(今嵩县莘乐沟)，下联是说孔丘著书于尼山。可见古人是把伊尹和孔丘等量齐观的，一个是元圣，一个是至圣。伊尹当了商王朝几个国王的相，为商王朝延续600多年奠定了坚实的政治基础，成为我国历史上第一个有名的贤相。而厨师出身、多才多艺的他，更是受到中国餐饮界的尊敬，“烹调之圣”、“调羹专家”等美誉都给了他，各种各样纪念他的活动更是层出不穷。

管　仲：
“准平”使民富　奇策助国强

人物档案

管仲(？~前645)，名夷吾，字仲，又称管敬仲，周王同族姬姓之后，生于颍上(颍水之滨)，春秋时杰出的政治家、军事家，以其卓越的谋略辅佐齐桓公成为春秋时第一个霸主。管仲的言论见《国语·齐语》，另有《管子》一书传世。

春秋时期，王权衰落，礼崩乐坏，群雄纷争，实为乱世。

乱世出英雄。春秋时的齐国，就出了这么一位惊天动地、扭转乾坤、以农为本、恩泽众生的一代名相——管仲。

时至今日，当“商战”风行、生活“品质化”渐成潮流之时，想想这位经济改革的鼻祖，心头涌起的是无限的崇敬。岁末的寒风中，瞧，管仲正吟咏着“仓禀实则知礼节，衣食足则知荣辱”(《管子·牧民》)向我们走来……

管鲍分金　相才初显

说起管仲，不能不说鲍叔牙，而将这俩人联系到一块，咱就不能不提分金一事。

这个故事发生在临沂城东北的相公庄，据说鲍叔牙往来于齐鲁之间时经常在这里落脚。一天，鲍叔牙饭后无事，到门前眺望，见远远地走来一个人，步履蹒跚，他近前一看，才认出是好朋友管仲。

管仲是到齐鲁做生意的，谁知途中沾染时疫，几乎病倒之时遇到鲍叔牙，顿时高兴得昏厥过去。鲍叔牙连忙掐人中，弄姜汤，半晌管仲醒来，伤感至极，鲍叔牙极力劝慰，并请医生为他诊治，他才渐渐好转。但是，由于双足患痹症，一心想回家探母的管仲度日如年。鲍叔牙看在眼里，急在心上，遂说：“你我情同手足，你母即我母，我当代弟一行，以释高堂悬念。”

次日，管仲拿出病后余资及一封家书交给鲍叔牙，说:“寥寥数金,不足千里往返饮水之资,但兄可买些土产南行,回头再捎点货物,不但路费可保,说不定还能再赚些钱呢。”

就这样,鲍叔牙踏上了千里慰友母的路途,管仲则在相公庄养病,其间,街坊邻里对他非常照顾。一段时日后,管仲病好了,就想做点事报答村子里的人。当时,恰好汤河无人治理,尤其是村东北十余里八湖一带,泛滥成灾。说干就干,管仲亲自策划,指挥村民们一道新开了一条支流,有效地控制了汤河水势。水患一去,粮食丰收,村民们感激不尽,把新开的汤河支流叫“管仲河”,而河崖边的小村,索性就叫“管仲河崖”了。

这段小插曲过后,鲍叔牙回来了。管鲍二人彻夜长谈,约定管仲安顿好母亲后同鲍叔牙一道赴齐,共做一番事业。

第二天,高阜古槐下,管鲍把酒话别。鲍叔牙从怀中取出金银,分作四份放到酒台上,豪爽地对管仲说:“这是咱俩的本利,第一份你带给令堂养老,第二份作为今后的经营成本,剩下的两份咱俩各拿一份,作为生活费。你我情同手足,千万不要拒绝。”鲍叔牙的情深义重和离别时的伤感交织在一起,管仲的眼睛湿润了。

治国经略　以农为本

来到齐国后,管仲和鲍叔牙分别做了齐僖公的二公子纠和三公子小白的老师。公元前698年,齐僖公驾崩,太子诸儿(齐襄公)即位。这个齐襄公品质卑劣,与鲁桓公的夫人文姜私通,杀了鲁桓公,由此埋下了大乱的种子。公子纠和小白在管仲和鲍叔牙的策划下分别逃亡至鲁国和莒国,静观其变。公元前686年,齐襄公叔伯兄弟公孙无知因齐襄公即位后废除了他原来享有的特殊权利而恼怒,勾结大夫闯入宫中,杀死齐襄公,自立为国君。一年后,齐国贵族又杀死公孙无知,一时齐国无君,一片混乱。

时机成熟,两个逃亡在外的公子,都急忙设法回国,争夺国君宝座。

小白在内应正卿高溪和鲍叔牙的帮助下,提前出发回国。管仲发现后,亲率30乘兵车半路截击小白,小白机警,中箭后装死躲过一劫,顺利登上君位,这就是齐桓公。

齐桓公即位后,急需有才能的人辅佐。鲍叔牙竭力推荐管仲,谏劝齐桓公冰释旧怨,化仇为友,他诚恳地说:“当初管仲射杀国君,那是公子纠让他干的,现在如果赦免其罪而委以重任,他一定会像忠于公子纠一样为齐国效忠。”就这样,齐桓公接纳了管仲。

花开两处,各表一枝。鲁国迫于齐国的压力,杀死了公子纠,将管仲装入囚车送回齐国。一路上,管仲生怕鲁国公改变主意,就即兴编制了一首悠扬激昂的黄鹄之词,教役夫们歌唱以解疲劳,役夫们边走边唱,越唱越有劲,越唱走得越快,本来两天的路程,结果一天半就赶到了。鲁国公后悔也来不及了。

却说鲍叔牙做好管仲的工作后,齐桓公以非常隆重的礼节迎接管仲,管仲深受感动。当了解到齐桓公的远大政治抱负后，管仲“定国家，霸诸侯”的信念更坚定了。他对齐桓公说：“如果你决心称霸诸侯，国家就可以安定，国家安定就可以富强。要想国家富强，必须先得民心。要得民心，应当先从爱惜百姓做起，爱惜百姓就得先使百姓富足。要想百姓富足，就得以农为本，要开发山林，开发盐业、铁业，发展渔业，发展商业，取天下物产，互相交易，从中收税，这样财力自然就增加了。财力足，军队的开支就不用愁了。所以说当前最迫切的任务是以农为本，让百姓休养生息。”

管仲一席话让齐桓公心头的疙瘩全部解开了，不久他就拜管仲为相，为表示尊敬，还称管仲为仲父。在齐桓公的支持下，管仲大刀阔斧地展开了一系列改革，尤其在经济上，他提出了“相地而衰征”（《国语·齐语》）的土地税收政策，就是根据土地的好坏不同，来征收多少不等的赋税。这个政策一推出，大大提高了百姓生产的积极性。在此基础上，管仲还推出了粮食“准平”政策，即“夫民有余则轻之，故人君敛之以轻；民不足则重之，故人君散之以重。敛积之以轻，散行之以重，故君必有什倍之利，而财之栊可得而平也”（《管子·国蓄》）。这种“准平”制，不但是一种平衡粮价的政策，而且也间接承认了农民自由买卖粮食的权利及私田的合法性，另外还保障了私田农的生产利润。

可以想象，新政推出后，百姓们在田野中耕作的场景一定是热火朝天的。当时铁工具已开始广泛使用，而且牛耕也出现了，大家劳作之余还聚在一起交流耕作经验：刚硬的土壤要使它柔软些，柔软的土壤要使它刚硬些；休闲过的土地要开耕，耕作多年的土地要休闲；贫瘠的土地要使它肥起来，过肥的土地要使它贫瘠一些；过于着实的土地要使它疏松一些，过于疏松的土地要使它着实一些；过于潮湿的土地要使它干爽些，过于干燥的土地要使它湿润些……好美的一幅农耕图！

其实，这幅农耕图的背后是在潜移默化中诞生的农业文明。

耕战奇招　助齐称霸

齐国本是一个海边的小国，姜太公初封时地不过方圆百里，而且很多是不适合粮食生长的盐碱地，粮食产量和人口都不多。但是，管仲来了，管仲的“准平”新政让百姓得以休养生息，生产积极性大大提高，一时间，百姓富足，社会安定。这天，齐桓公召见管仲，兴致高昂地说：“新政推出以来，民足了，兵强了，国富了，争霸天下的大计也该实施了，咱们这棋该如何走？”到底是韬略在胸，管仲给齐桓公出的招数既稳又奇：顺民意，耕战定天下。

耕战策一招：服帛降鲁、梁。

鲁、梁的老百姓平常织绨，绨是一种丝线做“经”、棉线做“纬”织成的纺织品，管仲劝齐桓公穿绨料衣服，并下令大臣们都服绨。上行下效，一时间，齐国的老百姓全都穿绨料衣服，齐国绨的价格大涨。管仲还特意对鲁、梁二国的商人说：“你们给我贩来绨一千匹，我给你们三百斤金；贩来万匹，给金三千斤。”吸引得鲁、梁二国的老百姓都把绨运到齐国卖高价而获取利润。鲁、梁二国财政收入大涨。这两个国家的国君就要求他们的百姓织绨。一年后,鲁、梁的老百姓几乎全部出动,忙着织绨运绨,从而放弃了农业生产。时机成熟以后,管仲又劝齐桓公改穿帛料衣服,也不让百姓再穿绨料衣服,并"闭关,毋与鲁、梁通使"(《管子·轻重》)。几个月后,"鲁、梁之民饿馁相及"(《管子·轻重》),即使两国国君急令百姓返农,也为时已晚,粮食不可能在短期内产出。于是,鲁、梁谷价飞涨,两国的百姓从齐国买粮每石要花上千钱,而齐国的粮价每石才十钱。三年后,鲁、梁的国君不得不归顺齐国了。

耕战第二招:买鹿制楚。

初战告捷,齐桓公定天下之心更强,就想讨伐楚国,可是又害怕楚国强大攻不下来。没关系的,齐桓公有智多星管仲啊!你猜这次管仲给齐桓公出的啥主意?买鹿制楚。细说起来,就是管仲让齐桓公以高价收购楚国的活鹿,并且告诉楚国商人,贩鹿到齐国可以发大财。于是楚国的男女几乎全国总动员,全都为捕捉活鹿而奔忙,放弃了粮食生产,而齐国却早已藏谷十之六了。当楚国的百姓无粮可食时,管仲又关闭了国界,终止活鹿和粮食交易。结果,楚人降齐者,十之有四。

耕战第三招:买狐皮降代国。

无独有偶,代国出产狐皮,管仲劝齐桓公令人到代国去高价收购之,造成代人放弃农业生产,成天在山林之中捉狐,但狐却少得可怜,二十四月而不得一。结果是狐皮没有弄到,农业生产也耽误了,没有粮食吃,导致北方的离枝国乘虚侵扰。在此情况下,代国国王只好投降齐国。齐国一兵未动而征服代国。

就这样,在管仲开启的粮食战争威力和以农为本的经国策略下,公元前679年冬,齐桓公霸业告成。

行文至此,笔者感慨万千。君以民为天,民以食为天。2000多年前齐国人就有如此智慧,要是管仲生在今天,中国岂不大幸哉?

"农本"之光　光照千古

历史的车轮驶入公元前645年的时候,为齐桓公创立霸业呕心沥血的管仲患了重病,弥留之际他对齐桓公说:"竖刁、易牙、开方三人不通人情,不可亲近。"而在这句近乎于遗言的话语中,管仲没有谈到自己的接班人,由此也让他苦心经营40多年、已然十分强盛的齐国大乱,曾经叱咤风云的齐桓公竟然被活活饿死。这恐怕是管仲万万没有预料到的。但,一代贤相的美誉、《管子》思想的光芒却是深入人心、光照千古的。

孔子曾这样称赞管仲:"管仲辅助齐桓公做了诸侯霸主,一匡天下,要是没有管仲,我们都会披着头发,左扣衣襟,成为蛮人统治下的老百姓了。"是啊,如果没有管仲的"农本"思想,如果没有管仲"仓廪实则知礼节,衣食足则知荣辱"(《管子·牧民》)的主张,或许中国奴隶制社会还要延续一段时日,那么我们的农业文明也就不可能发展得那么快了。

不知不觉间,天已经黑了,我的思绪也从管仲传奇般的经历中回到了现实。2000多年后的今天,中国农业除了现代化的耕作技术,更多的是层出不穷的新产品,不仅是主食,还有许许多多数都数不清的农副产品以及衍生出来的一系列农业产业链。而这些,恐怕天国中的管仲有知,肯定要惊奇地张大嘴巴,然后笑弯了腰的!在此,我就再向管仲汇报汇报他首创的经济改革发展到今天的诸多名词:关税协定、招商引资、物价政策、商战……还有呢,你的以农为本、顺应民意在今天依然是我们国家所提倡和遵循的,国家每年的“一号文件”基本上都锁定“三农”。听到此,你是不是感到由衷的欣慰呢?

李　悝：
识时务的一代俊杰

大凡一提到三家分晋，就不能不讲一个词“改革”。而凡是能走向强大的国家，必定是做到了经济上求富，军事上求强，政治上网罗人才大胆改革。李悝生逢其时，又恰遇真性情的贤君——魏文侯，再加上一个识时务的聪明脑袋，他成功了，魏国也成为三家（魏、赵、韩）之首，诸侯莫能与争。

大家可能要问，李悝是怎么识时务的呀？他改革的内容有多好？别急，咱先来了解一下伯乐魏文侯，看看李悝是怎么成为他的心腹的，就知道其中缘由了。不过我性子急，还是先给大家透露一点李悝改革的小秘密：与粮食有关，与农民有关，与消费者有关。

人物档案

李悝（前455~前395），魏国（今山西西南部运城一带）人，战国时著名的政治家，法家代表人物。使他在历史上留下永久声名的，是他任魏文侯相时在魏国的变法改革，其中经济思想尽地力之教和平籴影响最为深远。

文侯真性情　李悝好福气

司马光说：魏国的事业盛衰，系于君臣之交。魏文侯是个懂得做国君的人，他与臣下的交往无不透露着大丈夫的真性情。

这里咱不说魏文侯每每经过名士段干木的住宅都要在车上俯首行礼的礼贤下士，不说他与山野村长之约的守信，也不说他在处理与赵、韩两国关系时充满外交智慧的重诺，咱就说说他的知错能改和善于纳谏。

一天，魏文侯与国师田子方一起饮酒，他忽然说：“编钟的音乐有些不对，左边的音高了。”田子方微微一笑。魏文侯问：“你笑什么？”田子方说：“臣下听说，国君要懂得任用乐官，而不必懂得音乐。现在您精通而审听音乐，我恐怕您反而‘聋’于用人。”魏文侯频频点头：

“你说得对。”

魏文侯也有脾气，在打败中山国后，他将中山国封给了自己的儿子魏击，之后，他问大家：“诸位爱卿，你们觉得寡人是个什么样的君主？”这样的问题只有一个标准答案，就像女朋友问你：“我和某某女孩谁漂亮？”你一定会坚定不移地回答：“你最漂亮。”不过也有那些一根筋的人会说：“虽然她比你漂亮，但是我爱的人只有你一个。”

魏文侯的大臣中就有这么一个一根筋的人——任座。听完魏文侯的问话，任座站起来大声说：“您得了中山国，不给您弟弟，却给了您儿子，这算什么仁德的君主？”这句话可把魏文侯气得够呛，于是他大发雷霆。那任座可真不知趣，二话不说，快步离座扬长而去。

这够得上大不敬了吧？可咱们的魏文侯见任座走后，生气归生气，还是拿这个问题问大臣翟璜。大家猜猜这个翟璜是怎么回答的？哈哈，听了他的回答，你不服语言艺术都不行。听好了——翟璜说：“我听说只有仁德的君主才有耿直的臣子，任座刚刚回答耿直，正说明您是仁德的君主呀！”魏文侯大喜，不但让翟璜把任座追了回来，还奉为上宾。

正是如此的君臣关系，才使李悝能大展才华，从而成了魏文侯的心腹之交。

李悝作为魏文侯的心腹，最机密的事情魏文侯自然都要同他商量，比如在魏成和翟璜两人中选相。呵呵，这也是至今依然让人津津乐道的“李悝五条鉴人法”。

这天，魏文侯问李悝：“先生，我现在想从魏成和翟璜两人中选一个为相，您看他们俩谁合适？”李悝不想随意评论，魏文侯坚持问，李悝只是告诉了魏文侯如何去观察人——平常的时候看他所亲近的，富贵的时候看他所交往的，显赫的时候看他所推荐的，穷困的时候看他所不做的，贫贱的时候看他所不取的。听了李悝这五条，魏文侯立刻知道宰相人选是谁了——当属魏成。

虽然李悝只跟魏文侯说了用人的标准，但是结果“选了魏成”，这让另一个候选人翟璜大为恼怒。也正是因为魏文侯创下的爽直而简单的环境，翟璜就这么愤怒地找李悝理论：“我哪点儿比魏成差？”李悝平静地说：“国君选魏成为相，是因为魏成的俸禄，9/10都用在外面，只有1/10留作家用，所以得到了卜子夏、田子方、段干木。国君都奉他们为老师，而你所推荐的5人，国君都任为臣属。你怎么能和魏成比呢！”这段话颇具杀伤力，翟璜非常惭愧，从此甘为李悝的弟子。

这，就是魏文侯创下的工作环境，也正是有了这样的工作环境，“李悝们”才能够披肝沥胆，坦诚表现，李悝变法的种子才得以生根、发芽、开花。

识时务　尽地力之教

每到农历年底，商家都要在物价涨幅上大做文章。食用油价就曾涨声一片，让人揪紧了心。对于诸如此类的现象，国家是不会不闻不问的，往往要进行干预。殊不知，今天这种政府干预的做法也是有历史渊源的——李悝的平籴变革。

言归正传。李悝和魏文侯成了好朋友，得到了他的充分信任，自然会竭尽全力地干活儿。但李悝很聪明，知道在搞好群众关系的基础上领会领导的意图。他先全方位了解当时的社会状态：封建经济占据社会经济生活的主导地位，但奴隶主贵族势力还存在着，他们对新政权的反对十分强烈，所以，为了巩固和发展封建国家的经济基础，确保新兴地主阶级的统治，必须站在统治者的立场进行改革。确定下这个基调后，李悝又开始调查民情，于是没有土地的农民想加入耕农的队伍、有土地的农民生产积极性不高、灾荒年赋税太重农民生活无法保障、农业生产技术太落后等诸多与百姓利益息息相关的敏感问题浮出了水面。

李悝很稳，他没有马上将自己的想法付诸实施，而是走到了田间地头，走进了农民中间，丈量估算耕地面积，收集分析农民的耕种经验。在这一系列深入一线的调研准备后，李悝的尽地力之教和平籴政策重磅推出。

先说尽地力之教，简单地讲就是尽可能地开垦荒地和提高单位面积的产量。那么，李悝是如何让这个梦想变成现实的呢？第一，调动农民的生产积极性。李悝把国家掌握的一部分荒地分给农民耕种，从而使一些没有土地的农民转为耕农，国家也因此得到了农民收入1/10的税收，百姓和国君皆大欢喜。第二，计口授田。具体地说，就是对每个农民授田100亩，收入归农民所有，国家抽1/10的税。照李悝的计算，当时粮价是每石30个钱。第三，推广多种经营方式。五谷都要种，以便有自然灾害时总有一些作物可以收获。耕地要深，除草要勤，收获时要如防备寇盗那样快，以免作物遭受损失。这些都是十分宝贵的农业生产技术和经验，对于提高农业劳动生产率有很大作用。

看上去，李悝的这个尽地力之教是为了关心农民，改善农民生活，骨子里则不然，他只是找到了百姓和统治者之间的契合点。老百姓是最善良的，他们很容易满足，只要有口饭吃，尤其在当时，只要满足他们的最低生活需求就可以了。而李悝之所以如此精打细算，尽地力之教，还是为了更系统、更彻底地推行封建制。

稳粮价　推平籴新政

百姓和统治者之间的关系理顺了，什么事都好做。这不，魏文侯尝到了尽地力之教的甜头，索性由着李悝改革。李悝更是坚定了“民意”立场，提出平籴，即稳定粮价。

李悝说：“谷物价格上涨的原因，除自然灾害外，农民常年生活困苦，提不起生产积极性以致农业减产，也是原因。所以平籴和尽地力之教必须环环相扣。”这么向魏文侯汇报后，魏国政府的“大布告”就张贴出来了。

把丰年分成三等：亩产是常年四倍为大丰收，标准是一个五口之家，种田100亩，可收600石；亩产是常年三倍为中丰收，百亩可收450石；亩产是常年一倍为小丰收，百亩可收300石。除去保障农家常年生活的200石，大、中、小丰收都有余粮，多则400石，少则100石。国家收购粮食也要根据收成情况进行，大丰收购300石，中丰收购200

石，小丰收购100石。歉收也分为三等：比常年减产1/3为小饥荒，百亩能收100石；减产1/2为中饥荒，百亩能收75石；减产4/5为大饥荒，百亩只收30石。在好年成国家平价收购粮食，用以备荒；坏年成国家则以平价出售粮食，借以平衡丰年和荒年的粮价。小饥荒平价卖出小丰收年景收购的粮食，中饥荒平价卖出中丰收年景收购的粮食，大饥荒平价卖出大丰收年景收购的粮食。

这个规定一出，魏国上下赞声一片。为啥？天时、地利、人和，且各方利益都顾及到了呗。那个时代，农作物收成是靠天的，这也决定了社会经济活动的不稳定性，私商贱买贵卖的经营方式更是加剧了这种不稳定性，此天时也；魏国面积不大，有利于信息的收集、判断与传送，此地利也；最关键的人和，就是李悝变法协调了不同生产部门之间、不同阶级之间的矛盾，促进了社会生产力的长期发展。

变法成功归根结底在人，李悝是一个识时务的人，他的"财富产生的根源唯一是靠农业，农业如果受到危害，国家就会贫穷"思想是其变法成功的支撑。

正所谓粮人说粮事，在此，李悝的《法经》就不再赘述了。

卜　式：

牧羊人的传奇

“日出嵩山坳，晨钟惊飞鸟，林间小溪水潺潺，坡上青青草，野果香山花俏，狗儿跳羊儿跑……”一听到这首熟悉而优美的旋律，眼前就会浮现出一幅“田园牧羊图”，再就是名扬中外的名刹河南嵩山少林寺。西汉时期，河南郡是全国的经济中心之一，而离少林寺不远的洛阳更是富甲天下，居住着许多富比天子的巨商大贾和财过王侯的庄园主，卜式就是庄园主中的一位。不同的是，他不仅是一位普通的庄园主，而且是一位对农业生产有着浓厚兴趣、最善畜牧之道的牧羊人。正是这一介布衣，凭着崇高的人生观和价值观，成就了一个光彩掩过满朝王公大臣的牧羊人传奇。

人物档案

卜式（生卒年不详），西汉河南（治今河南洛阳）人，曾任御史大夫。他自幼以田畜为事，屡以家财捐资政府。任官期间，他依牧羊之道，勤政爱民，取优汰劣，政绩显著。

耕田种圃管庄园

人生有三大不幸：幼年丧父、中年丧妻、老年丧子。虽出生于殷实的普通庄园主之家，但15岁时父母双亡的经历还是让卜式受到了不小的打击。当时，其弟尚幼，他们家城里有店铺，乡下有田宅童仆，往日里不觉得的家庭重担一下子显现出来，卜式过早地成熟了——日躬率童仆耕田种圃，夜则挑灯读书。

都说兴趣是最好的老师，卜家家业的兴旺最主要的原因还是卜式对农业生产的兴趣。可能是从小耳濡目染的缘故吧，生性勤勉、为人忠厚的卜式在追随父母的生产劳作中，对农业生产产生了浓厚兴趣，其中他最喜爱的就是畜牧业。在支撑门户、发家致富的日子里，卜式刻苦钻研农业知识，勤勤恳恳劳作畜牧，不几年，他们家的田宅数量比父母在时扩大了好几倍，猪马牛羊也增加了许多。家业兴旺了，弟弟也长大成人了，卜式开始操心起弟弟成家的事。劳作之余，他遍访乡里，帮弟弟娶得一位良家女子。几个月后，卜式对弟弟说："现在咱们弟兄两个都成家了，按照规矩，也该各立门户了。"弟弟答应后，卜式就择了黄道吉日，设宴遍请父老乡亲告知。席间，卜式当众宣布将他们家的田宅、奴仆、店铺及钱帛全部给弟弟，自己只要100只羊。

安顿好了弟弟家的生活，卜式高兴地赶着100只羊进山去了。可以过自己神往已久的田园畜牧生活，卜式甭提多高兴了。他开荒地，管羊群，日出而作，日落而息，日子过得充实而滋润。一晃10年过去，卜式的事业再次突飞猛进，田产房屋从无到有、由少到多，羊群的数量也发展到了1000多只，他成了洛阳城的巨富。而此时，他的弟弟却因为不善持家理财，家产经营得一塌糊涂，沦为贫民。卜式看在眼里，疼在心上，他毫不犹豫地将自己的家产分给了弟弟一半，自己重新开始发家致富。

上林苑里做"羊倌"

要说，这自给自足的日子真该满足。的确，卜式很知足，他劳作他快乐，他致富他快乐。可是，汉匈开战了，这场战争让卜式骨子里的爱国情怀一发不可收拾，他主动上书政府："愿输家财半助边。"(《汉书·卜式传》)一介布衣如此举动立刻引起了汉武帝的注意，于是，他专门派使者前往调查。

使者来到卜式家里问卜式："想当官吗？"卜式回答说："我只懂得放牧，不懂得为官之道，不想为官。"使者又问："家里是不是有什么冤仇？是想让朝廷替你做主吗？"卜式回答："我素来与人为善，周围邻居谁家有困难都愿意来找我，乡亲们对我都非常好，何来冤仇呢？"使者大惑不解："那你到底要什么呢？"卜式平静地回答："我在上书中已经说过了，匈奴侵我疆土，杀我官民，为战匈奴凡我大汉子民理应有钱出钱，有力出力，我不求别的，只求匈奴早日被灭。"由此可见，卜式输财助边，完全出于爱国之心。可汉武帝将这一情况说给丞相公孙弘听时，这位"性意忌，外宽内深"(《汉书·公孙弘传》)的丞相却无法理解卜式的义举，认为"此非人情"(《汉书·卜式传》)，实属"不轨之臣"(《汉书·卜式传》)，不能作为教化的典型。就这样，卜式的爱国之举夭折了。

过了一年多，匈奴浑邪王降汉，为安置这些人朝廷不得不花费巨额资金，而此时，黄河中下游地区发生了洪涝灾害，难民纷纷涌入了卜式所在的河南郡，郡内顿时一片大乱，见此情景，卜式立即捐钱20万给了河南郡府。在卜式的带动下，不少富人也捐了款，河南郡守大为感动，立即上书表奏了卜式等人的义举。汉武帝终于相信卜式的拳拳爱国之心了。为了表彰卜式，更为了给天下人树一个榜样，汉武帝赐给了卜式一个左庶长的爵位，同时赏田10顷。赏爵赏地之后，汉武帝似乎觉得表彰得还不够，就又封了卜式一个郎官的职务，具体工作是在上林苑负责牛羊畜牧。

哈哈，这下可合了卜式的胃口。卜式当了"羊倌"，依然不改劳动人民的本色，仍像过去一样亲自牧羊，不到一年，上林苑里的牛羊个个膘肥体壮。一天，汉武帝游幸上林苑，当看到牛羊膘情这样好时，高兴之余非常好奇，就问卜式有何秘诀。卜式回答说："其实很简单，一是按时料理牛羊的饮食起居，二是把那些品行不好的淘汰掉，以免影响种群的发展。"看来，耕田放牧重在勤勉，重在实践，重在经验。以丰富的经验选好种子，定能出上品。

主动请缨披战袍

汉武帝是我国历史上一位善于从"大老粗"中选拔人才的开明帝王，当被卜式的以牧羊之道治民言论震慑之后，他果断地任命卜式为缑氏县令。卜式走马上任后，不懂什么"管理学"，也没有"官场历练"的心得体会，只是按照牧羊的办法去管理地方，政绩显著，深得缑氏人民拥护。不久，他又改任成皋令，调运军需民用物资，漕运成绩最为突出。实践证明，卜式是个忠厚老实、很有能力的官员，汉武帝于是拜他为齐王太傅，转而为国相，协助齐王治理政事。

公元前112年对西汉王朝来说是个"灾年"。4月，南越王吕嘉反叛。不久，西羌10万人侵扰西汉边境，同时，匈奴也乘机攻入五原，形势十分严峻。国难当头之时，卜式主动上书朝廷，表示愿与儿子一起率领齐地善于水上作战的士兵奔赴前线，报效国家。汉武帝感动得一塌糊涂，为了卜式的舍身报国，为了树立一个爱国典型——因为此前，整个西汉王朝可谓是太平盛世，战争突然爆发，那些王公大臣打的是稳坐朝中、代代永享福禄的算盘，父子两代上前线打仗他们连想也不敢想——于是再次下诏表彰卜式。

冰冻三尺，非一日之寒。不良的社会风气不是在很短的时间内就能扭转的。汉武帝发出"号召"后，竟没有人响应，尤其是王公贵族中上百位列侯，对朝廷的号召置若罔闻，对国家的忧患熟视无睹，没有一个人要求从军征战。汉武帝大为恼火，抓住当年列侯献金助祭之机，运用"铁的手腕"，夺去了106人的官爵。同时，汉武帝任命卜式为御史大夫。卜式这个牧羊人进入了他人生最辉煌的时期。

质直归田美名扬

大家都知道，御史大夫的职责就是指陈时弊，这是个容易得罪人的差事。老实人卜式丢官就吃亏在性子太直上，他得罪了汉武帝的第一宠臣桑弘羊。

桑弘羊是大司农令，掌管着天下盐铁、赋税、谷货、藉田等，很会为汉武帝敛财。桑弘羊的生财之道汉武帝是睁只眼闭只眼的，可御史大夫卜式却不会坐视不理，触了几次弹劾的霉头后，卜式长了个心眼，利用天象再次揭发桑弘羊。公元116年，关中大旱，百姓焦急，汉武帝亲率百官求雨。机会来了！卜式连忙对汉武帝说："凡此天象，朝中必有奸人，今之天怒人怨乃桑弘羊所为。"紧接着，他将桑弘羊的种种罪行一一罗列，最后提出的解决办法是：只有杀了桑弘羊，老天才会下雨。

唉！汉武帝虽然很欣赏卜式，但他更喜欢“财政部长”桑弘羊。于是，卜式御史大夫的乌纱帽丢了。不过汉武帝还是念旧情的，他批准了卜式回乡务农的请求。卜式“退休”了，在家乡，在他曾经耕作畜牧的田野上，他以一个牧羊人的身份得到了善终。

赵 过：
搜粟都尉创新不止

搜粟都尉，大家知道是什么官吗？你还别说，不是专做历史研究或者对历史很感兴趣的人，还真不知道。昨天，我写赵过查阅资料时，发现韩信被夏侯婴从刑场救下推荐给刘邦，刘邦给他的就是这么个官，职责是征集军粮。据说这个官是不常设的，桑弘羊曾任过此职，今天咱们来认识的赵过也当过这个官。和韩信、桑弘羊不同的是，赵过由此成为了一个农学家，他的发明创造让许多农民在一定程度上减轻了负担，而这种独特的贡献，在我国农业史上是不多见的。

人物档案

赵过（生卒年不详），汉武帝时人，农学家，为中国早期的农业生产作出了巨大贡献。

走马上任搜粟都尉

李悝变法成功，是因为他和统治者魏文侯是哥们关系。那么，赵过的革新也成功了，是不是他和统治者汉武帝也是哥们关系呢？答案当然是否定的。赵过是个老实人，他可不像李悝那么会处理各方面的关系，他只不过是生逢在汉武帝欲缓和统治危机之时罢了。

“巫蛊之祸”后，汉武帝灭江充全家，并于湖县建思子宫。由于开疆拓土，连年用兵，西汉王朝国库已日渐空虚，社会矛盾激化，加之东巡求神不得和对匈奴用兵失败，已入垂暮之年的汉武帝面对着严重的统治危机和现实窘境。在此情形下，汉武帝尽显大政治家风采，及时调整政策，行亲耕礼，在轮台下诏悔过，及时转向，改行休养生息政策。赵过的机会就这样来了，他走马上任搜粟都尉。赵过无愧于汉武帝的信任，积极对农业进行改进，不仅使粮食产量大增，而且减轻了农民的负担，有力地促进了紧张局面的缓和，使西汉王朝重又出现繁盛的景象。

革新成果之一:代田法

俗话说:干一行,爱一行。赵过不仅是"干一行,爱一行",而且是"爱一行,钻一行"。虽然是政府的农业高官,可他一点也没有高官的做派,而是俯下身子总结耕作经验,改进农业生产。他的第一项革新成果是代田法。

代田法是关中农民创造的,赵过的革新就是对此代田法加以总结推广,具体内容是:把耕地分成甽(田间小沟)和垅,甽垅相间,甽宽1尺(汉1尺约相当于今天的0.694尺),深1尺,垅宽也是1尺。1亩定制宽6尺,可容纳3甽3垅。种子播在甽底不受风吹,可以保墒,幼苗长在甽中,也能得到和保持较多的水分,生长健壮。在每次中耕锄草时,将垅上的土同草一起锄入甽中,培壅苗根,到了暑天,把垅上的土削平,甽垅相齐,这就使作物的根能扎得深,既可耐旱,也可抗风,防止倒伏。第二年耕作时变更过来,以原来的甽为垅,原来的垅为甽,使同一地块的土地沿甽垅轮换利用,以恢复地力。

在代田法的推广过程中,赵过组织工作做得很细致,有计划,有步骤。首先,在"离宫(正式宫殿之外另筑的宫室)"内空地上试验,结果较常法耕种的土地每亩一般增产粟1石以上,好的可增产2石;其次,对县令长,乡村中的三老、力田和有经验的老农进行技术训练,"受田器,学耕种养苗状"(《汉书·食货志》),再通过他们把新技术逐步推广出去;再次,先以公田和"命家田"作为重点推广,然后普遍开展。一时间,赵过代田法"用力少而得谷多"(《汉书·食货志》)的消息传遍了黄河流域的旱作地区,百姓们争相实践,西汉王朝因长期征战而凋敝的农村经济得到复苏,天下重现一片太平祥和的景象。

革新成果之二:耦犁法

在推广代田法的同时,赵过还大力推广牛耕,即耦犁法。说起牛耕啊,总是让人浮想联翩:在辽阔的田野上,孩子在前面牵着牛,老爹在后面推着犁,妈妈则在旁边施肥播种,间或拿起脖子上围着的白毛巾擦把汗……田埂边的一棵歪脖子树下,放着盛干粮的篮子和水罐……呵呵,这是我设想的一幅田园农耕图。其实早在赵过之前的商代,我国的劳动人民就开始运用牛耕劳作了,但是,由于牛耕只限于富豪之家,所以没有得到多少发展。赵过要改变这种局面,让牛耕在普通农家推广开来。

赵过的设想真是好:"其耕耘下种田器,皆有便巧。"(《汉书·食货志》)他的这个耦犁法,简单讲就是"二牛三人",即操作时,二牛挽一犁,二人牵牛,一人扶犁而耕。赵过先是令大司农组织工巧奴大量制作改良农具耦犁,又令关中地区的郡守督促所属县令长、三老、力田和里父老中懂农业技术者使用改良农具,干得是热火朝天。不好,问题出现了:牛大多在富豪家中,农民缺牛无法趁雨水及时耕种。赵过那个急呀。

唉！富豪咱惹不起，咱就听听群众的意见吧，不管怎么说，老天爷不等人哪。你别说，来给赵过出主意的还真不少，其中退职平都县令光的建议深深地打动了赵过的心。这个建议就是：令农民以换工或付工值的办法组织起来用人力挽犁。赵过马上将此法向汉武帝汇报，并建议光当自己的副手即搜粟都尉丞。汉武帝批准后，赵过和光携手组织人力拉犁，结果很是喜人：人多的组一天可耕30亩，人少的组一天也可耕13亩。

革新成果之三：三脚耧

二牛三人耕作法虽然获得了巨大成功，但由于当时人们驾驭耕牛技术不熟练，铁犁构件和功能也不完备，所以赵过总感觉需要在生产工具上再下下工夫、做做文章。三脚耧（耧车）就这样诞生了。

这是一个状若今天推车的农具，下方有三个开沟的“脚”，上方是下种的“巢”，推把很敦实。播种时，用一头牛拉着耧车，耧脚在平整好的土地上开沟进行条播。由于耧车把开沟、下种、覆盖、镇压等全部播种过程统于一机，一次完工，既灵巧合理，又省工省时，故效率可达日种一顷。

赵过的上述农业革新中，代田法实行的时间不长，但作为代田法提高劳动生产率主要物质基础的牛耕及与其配套的犁具，却被继承了下来，比如三脚耧，一直沿用了2000多年，直到现代，关中平原仍可见到这种耧。

搜粟都尉，赵过当之无愧。

氾胜之：从轻车使者到《氾胜之书》

人物档案

氾胜之(生卒年不详)，氾水(今山东曹县)人，西汉著名农学家，著有农书《氾胜之书》。

农历腊月二十五，到处洋溢着准备过年的喜气，立春后的第一场春雨也来赶趟儿，淅淅沥沥地下在了田野中、阡陌间，更下在了农民们的心上，他们顿时笑逐颜开。怎么能不笑呢？气候是收成好坏的决定因素呀！早在2000多年前，西汉农学家氾胜之著的《氾胜之书》中就详细讲述了这一点。氾胜之是何许人也？《氾胜之书》又有哪些经典内容？下面我就带大家好好了解了解。

议郎最喜农事

西汉时期，在山东曹县，氾水之畔，有一户氾姓农家，儿子自幼对农作物生长和栽培就很感兴趣，喜欢研究农业技术，注意收集、总结家乡农民的生产经验，积累了丰富的农业知识。汉成帝的时候，他步入仕途，官居议郎。他，就是氾胜之，中国古代著名的农学家。

其实，像许多其他读书人一样，氾胜之希望通过做官来实现自己的人生价值，可没想到汉成帝却任命他为轻车使者，派往三辅(今陕西关中平原)去发展农业。当时，农业虽然是基本，却也是被人看不起的“小人之事”，这和治国平天下的理想相距太远，氾胜之感到万分沮丧。但是，当看到许多穷苦老百姓虽终年劳作却收成无几，碰到洪涝灾年，更只能卖田地甚至卖子孙的时候，他的心颤动了……

轻车使者驾关中

带着汉成帝的重托，带着投身最心爱的农业事业的决心，轻车使者氾胜之激情满怀地来到了他的工作地——关中平原。

关中平原是汉帝国的首都所在地，也是其发展农业生产的重点地区，有“膏壤沃野千里”之称。当时的关中农业，最大的威胁就是干旱。氾胜之在农民的帮助下，先从改良麦种入手。通过研究实践，他把动物骨头的骨汁、缫蛹汁、蚕粪、兽粪和雪水按一定的比例调成稠粥状的“溲水”，用来浸渍种子。用“溲种法”培育的种子耐寒、耐旱、防虫，养分充足，根系发达。紧接着，他深入到农业生产实践中去，认真研究当地的土壤、气候和水利情况，因地制宜地总结、推广各种先进的农业生产技术。经过实地考察、反复试验，他总结推广了新的耕作方法——区田法，就是把大块耕地分成许多小区，做成区田。每一块小区四周打上土埂，中间整平。1亩地划多少小区，要依种什么庄稼而定，例如种麦种谷，1亩地可分3700个小区。区田法有3个好处。第一，可以深翻和平整土地。由于每一小区面积很小，土地容易深翻整平。翻地的深度也依种什么庄稼而定，种瓜、瓠和芋，要深翻3尺，种禾、黍和麦，挖1尺就行了。第二，可以集中使用水肥，不致流失浪费。因此，山地、丘陵地、坡地都可以挖区田，有利于扩大耕地面积。第三，便于田间管理。由于利于抗旱，又便于深耕细作，集中使用人力物力，区田法大大提高了单位面积产量，很受群众欢迎。一直到清朝时，农学家杨屾在关中地区依然提倡这种耕作方法。甚至在解放后的陕北地区，农民们还保留着氾胜之当年推行的区田耕作法。

溲种法和区田法是氾胜之在关中潜心研究农业的成功缩影，他的成功，他在百姓中良好的口碑，和虚心不耻下问分不开，和痴心深入钻研分不开。那么，他是怎么痴心深入钻研农业，从而成就《氾胜之书》的呢？

痴迷于农业生产

氾胜之虽然是个大官，却能经常深入群众，因为他明白，纸上谈兵种不出好粮食，也不可能让农田增产，而这些皇帝和农民所盼望实现的美好愿望，是要通过日复一日的辛勤劳作，积累经验，然后加以总结实施才能实现的。

日出而作，日落而息，息时思考……那些时日，氾胜之农人的本色全方位地展现出来了，他虚心向老把式、好把式请教，然后将好的经验和自己的研究成果结合起来，终于，一套先进的农业生产技术诞生了。这里我就从中撷取一个故事给大家讲讲，故事的名字叫“胜之种瓠”。

据说，关中有位老农是种瓠行家，种出的瓠特别大。瓠在当时是一种经济作物，不但是人的菜食，而且外壳可以做瓢，瓤可以喂猪，种子可以榨油、做蜡烛。这天，氾胜之在田间和一位老农聊农作物种类时,听说了这个种瓠行家。真是太好了!氾胜之高兴得摩拳擦掌,顾不上说声"再见"就赶到了种瓠行家的家。刚好那位老农正在瓠架下摆弄,得知氾胜之的来意,老农感动得不得了,连声说"好好好"。要知道,氾胜之可是关中为百姓做实事的名人哪。

这之后,氾胜之的办公室就搬到了种瓠行家的瓠园,他每天的主要工作就是仔细观察这位老农种瓠。一段时间后,氾胜之总结出这么一套经验——在一个坑里播10粒瓠子,等10棵苗长到两尺多长,把它们并在一起,用布条缠扎半尺长,外面用泥封好。几天过去,缠扎的地方就长在一起了。然后留下最茁壮的那个头,把其余的9个头掐去。开始结瓠的时候,把最初结的3个掐掉,保留第四、五、六个。这样,10条根从土壤里吸收养料,集中输送到一条茎里,这条茎就长得特别肥壮,结出来的瓠自然能长成特别大的个儿,一个甚至能抵得上平常的10个。瓠不耐旱也不耐涝,种的时候,可以在10粒瓠子的中央埋下一个盛满水的瓦瓮,瓦瓮里的水会慢慢地渗出来,瓠就能经常吸收到适量水分。

像这样的故事还有很多很多,总之,氾胜之的研究十分广泛而深入,他对农业技术的痴迷换来的是莫大的成功:他总结研究小麦丰产经验,使关中的小麦获得空前丰收;他总结推广的种瓠法、调节稻田水温法、桑苗截干法等,有力促进了关中地区的农业生产……

汗水集成《氾胜之书》

氾胜之是个聪明的农官,是个有思想的农业科学家,他将自己总结出的区田法、溲种法、种麦法、种瓠法、调节稻田水温法、保墒法、桑苗截干法等全都付诸笔端,写成了我国最早的一部农书——《氾胜之书》。

这部书共18篇,包括耕作的基本原则,播种日期的选择,种子处理,个别作物的栽培、收获、留种和贮藏技术,区种法等。就现存文字来看,以对个别作物的栽培技术记载较为详细。这些作物有禾、黍、麦、稻、稗、大豆、小豆、麻、瓜、瓠、芋、桑等13种。"凡耕之本,在于趣时,和土,务粪泽,早锄早获",是为"耕田篇";"牵马令就谷堆食数口,以马践过为种,无虫害",是为"收种篇";"薄田不能粪者,以原蚕矢杂禾种种之,则禾不虫",是为"溲种篇";"区田以粪气为美,非必须良田也",是为"区田篇";"种禾无期,因地为时,三月榆荚时雨,高地强土可种禾",是为"种禾篇";"黍者暑也,种者必待暑",是为"种黍篇";"凡田有六道,麦为首种,种麦得时无不善",是为"种麦篇";"种稻,春冻解,耕反其土",是为"种稻篇";"稗既堪水旱,种无不熟之时,又特滋茂盛,易生芜秽",是为"种稗篇";"三月榆荚时有雨,高田可种大豆",是为"大豆篇"……

从上述摘要目录可以看出,我国的农业技术在2000年以前就达到了相当高的水平。可惜的是,《氾胜之书》原书到宋元时就失传了,现在我们看到的,只是后人辑录下来的一部分。

崔　寔：
名门望族中走出的务实农学家

2010年2月19日，二十四节气中的雨水。雨水一过，百卉萌动，蛰虫启户，在家中休养了一冬的农人们都铆足了劲儿，趁着地气上腾之时，到田中劳作。这个经验农书《四民月令》中就有记载，“四民”指的是“士、农、工、商”四种不同职业的人，“月令”即“时令”。顾名思义，“四民月令”就是按时令所安排的适用于“士、农、工、商”“四民”的生活手册。那么，这本被誉为“中国第一部农家月令”的生活手册是谁写的呢？此人大有来头，系东汉著名文学家崔骃之后，与蔡邕齐名，号称“崔蔡”。他，就是从名门望族中走出的务实农学家崔寔。

人物档案

崔寔（？~约170），字子真，涿郡安平（今属河北）人，东汉后期政论家、农学家，著有《四民月令》、《政论》等。

持家处处有心

却说东汉桓帝时，政治黑暗，世家地主累世贵盛。他们除了拥有田园、苑囿外，还将西汉时少见的坞壁、营堑作为自家的庄园形式。庄园内聚族而居，宗族首脑、长者是庄园的统治核心。崔寔就出生在这样一个名门高第的庄园主家庭。

“崔氏世有美才，兼以沉沦典籍，遂为儒家文林。”（《后汉书·崔骃列传》）崔寔是继祖父崔骃之后崔氏在文林中最享有盛名的一个，他的父亲崔瑗虽然对农业生产十分重视，一次曾“为人开稻田数百顷”（《后汉书·崔骃列传》），但性格豪迈，不关心家中生计，偌大的庄园全由崔寔母亲一人操持。崔寔是个孝顺的孩子，看母亲辛苦，就学着帮助料理，他处处留心经营管理的经验，逐渐学得不少按照时令来安排耕织操作时间的知识。崔瑗去世后，崔家庄园经济窘迫，单靠耕织不够开销，于是除了加强囤贱卖贵之外，崔寔还利用家中旧有的酿造技术，经营酿造酒、醋、酱业，维持生活。“正月可做诸酱，至六七月之交，可以做清酱。”（《四民月令》）我想，崔寔的这个经验应该就是在助母持家过程中得出的吧，而此处的“清酱”，应当就是我们现在所说的酱油吧。

出仕造福五原

在东汉，名门望族式的家庭，其男性成员在选择自己“出仕”时机的时候，一般是相当慎重、不肯轻易屈节的。所以，虽然两次被汉桓帝召拜，朝中大臣多次举荐，性格内向的崔寔出仕时还是到了中年。

人到中年，阅历和知识更加丰富。崔寔就带着一腔忧国忧民的心和积累了半生的农业知识来到了五原郡，任太守职。那时的五原郡，经历了王莽新朝、南北匈奴激战以及汉匈交战，百姓贫苦不堪。崔寔四处走访，探视民情，发现五原郡地处边陲，冬天寒冷而漫长，老百姓没有足够御寒的衣服穿，就睡于草窝之中，见地方官吏时则“衣草而出”（《后汉书·崔骃列传》）。虽然那里的土壤适宜种植麻等纤维作物，但民间却不纺织……环境的恶劣不可怕，可怕的是随遇而安的生活态度。崔寔决心带领五原郡的人民战胜恶劣的自然环境，让他们过上丰衣足食的日子。他先是变卖了自己所有的财产，然后用得来的20余万两银子买来纺织机器，并邀请中原纺织名师教百姓纺织技法，同时下令郡内广泛种麻。从此，五原郡地区种麻、纺织蔚然成风，百姓的生产、生活渐渐改善。后来，五原郡出现了许多专用于沤麻的池塘，麻池这一地方俗名也由此而来。

著书实事求是

由于在五原郡政绩卓著，崔寔又被推荐为负有边防重任的辽东太守，不幸的是，在赴任途中，他的母亲病故了。回乡，为母行丧；丧满，升为尚书；遇党祸，免归。《四民月令》就在崔寔家居洛阳时诞生了。

这本用“月令”体裁写成的古代农书与《氾胜之书》齐名。崔寔按照一年十二个月的次序，将一个家庭中的事务分为三大类：一是家庭生产和交换；二是家庭生活，包括祭祀、医药养生、子弟教育、住房和器物修缮收藏等；三是社会交往。这三大类中，他着重强调的是家庭生产和交换。比如，农历一月，也就是现在所说的正月，雨水中，地气上腾，土长冒橛，陈根可拔，可种春麦、瓜、芥、葵、大小葱等，林木方面可移竹、桐、松等树，蚕桑加工方面，令女红织布，令典馈酿春酒、作诸酱等；农历二月，阴冻毕释，春分中，雷且发声，玄鸟巢，可种禾、大豆、苴麻、胡麻、地黄等；到了农历三月，就清明谷雨杏花盛了，时雨降，可种胡豆、胡麻，昏参夕，桑椹赤，可种大豆，三月桃花盛，农人候时而种也，利沟渎，清明后十日封生姜，至立夏后芽出，可种之……崔寔不迷信，所以他的《四民月令》非常务实。在写到农田水利方面时，他坚持“人力足以改造自然”的主张，极力称颂“史起引漳水灌邺、李冰凿离堆通三江，秦开郑国，汉作白沟”，主张“崇堤防以御水害”。这实际上就是与传统思想，即荀况的《天论》一脉相承的反天命观点。崔寔还是一个辩证唯物主义者。在述正月“陈根可拔”时，他自注“此京师洛阳地区之法，其冀州远郡各以其寒暑早晏，不拘于此”；述二月种植禾、三月种粳稻、四月种大小豆，自注均提到“美田欲稀，薄田欲调”。就是说，对农事操作，要随时、随地、随实际情况灵活掌握。

一生甘守清贫

儿子心中最崇拜的人莫过于父亲，所以崔寔受父亲崔瑗影响最深。

书法家崔瑗是写文章的高手，性情豪爽，当官时受百姓爱戴，游历时喜大宴宾朋，在家中只用粗茶淡饭，由于从不关心家里生计，所以没有什么积蓄。他去世时，孝顺的儿子崔寔为支撑“望族”的门面，变卖田宅，为其修墓，也因此资产竭尽，不得不以酿酒贩卖为生。

在以后的岁月中，崔寔坚守着对父亲的崇拜，在清贫的生活中笔耕不辍，将自己的生活经验及人生观点付诸笔端，为官之后更是理论同实践相结合，用读书人特有的方式表达着对人民生活的关心。其实，崔寔对人民生活的真诚关心，正是他的主张——强本抑末的体现。不同的是，他心目中的“本”，主要是指农桑；他所反对的“末”，则仅仅是指奢侈品的生产和交换。

请看崔寔在其另一代表作《政论》中所发的感慨：“农桑勤而利薄，工商逸而入厚。”“一谷不登，则饥馁流死。”“国以民为根，民以谷为命，命尽则根拔，根拔则本颠，此最国家之毒忧……”根深蒂固的农本思想加上从父亲身上继承下来的实在、专一的精神，崔寔在为母守孝期满升任尚书不到一年，便不可避免地惹上了党祸官司，免归乡里。汉灵帝建宁三年（170年），崔寔患病身亡。说来你可能不信，这么一个出身贵族、官居尚书、有着丰富生产经营经验的农学家，死时家徒四壁，连棺木都买不起，幸有众好友相助，才得以安葬。呜呼！古往今来，有多少这样的事让人悲叹！索性收起心头的愤懑和酸楚，在每个时令想一想：噢，这个节气，《四民月令》中有记载，该种什么了，到《四民月令》中查查……我想，这应是对崔寔最好的怀念吧。

马钧：发明无处不在

人物档案

马钧(生卒年不详)，字德衡，魏国扶风(今陕西兴平东南)人，三国时期机械制造家，被当时人称为“天下之名巧”。

古希腊物理学家阿基米德曾说：“给我一个支点，我就能撬动地球。”马钧，三国时最优秀的机械大师，巧思绝世的发明家，一生都没能找到这个支点。但，消散在历史长河中的是名，留下的却是一项项让人惊叹的机械发明。怎能不惊叹呢？今天，机械现代化，动漫满天飞，殊不知这些玩意儿的发明鼻祖就是马钧啊！

寡于言敏于行

不久前，我编了一篇题为《偏执是道坎儿》的稿子，文中有这样一种观点：在科学领域，偏执是通向成功的捷径。马钧就是这么一个寡言少语、在研究上颇显偏执的人。呵呵，马钧的寡言一是因为性格使然，还有一个原因就是他从小口吃。但话说得少不代表脑子不灵光，马钧的脑子时时刻刻随着自己的观察思考着、转动着，而且他的身体还随着自己的思考行动着，这样的结果就是：马钧养成了善于吸收新知识的习惯，熟练掌握了各种技能。

马钧幼年长时间住在乡间，所以他有更多的机会接触劳动人民，对他们的疾苦和繁重的劳动有深切的了解和体会，因而他比较关心生产工具的变革，并决心用自己的知识和技术为老百姓服务，改善他们的生产和生活条件。

尤喜钻研机械

寡于言而敏于行加上决心，马钧一下子迷在了钻研机械里。咱们先来看看新式丝绫机诞生记。

已经好长时间了，马钧一想到一匹绫子需织一个多月，心里就烦。该怎么改才能让织工们减轻劳动强度、提高工作效率呢？马钧在丝绫机前来回踱着，忽然，他停下来拿起一匹绫子仔细端详起来。“对了，绫的花色、图案有许多是重复的，利用这一点可以大大简化丝绫机的结构呀！”马钧小声自语着。他和织工们商量后，开始进行反复试验，最后把笨拙的50蹑及60蹑的丝绫机一律改为12蹑，一下子使丝绫机的结构简化很多，操作也更加方便，劳动生产率提高了好几倍，而且织出的提花绫锦色彩鲜艳、图案奇特、花型变化多端，受到了织工们的欢迎。据说曹魏景初年间(237~239)，日本使者来访，魏明帝赠给日本人的礼物中，就有一大批用这种高效丝绫机织成的绫锦呢。

丝绫机改进成功不仅大大激发了马钧对机械的兴趣，而且让他更关注农业生产。这不，他做了魏国的小官后，经常在京城洛阳居住，注意力便集中到灌溉工具上了。

当时在洛阳城里，有一大块坡地非常适合种蔬菜，老百姓很想把这块坡地开辟成菜园，可惜因无法浇地，一直没能成功。马钧就创造了翻车(又叫龙骨车)，把河水引上了坡。这种翻车，其巧百倍于常，用时极其轻便，连小孩子也能转动。它不但能提水，而且还能在雨涝的时候向外排水。以现在的科技眼光看，这种脚踏翻车很简单，但在当时却是世界最先进的。1000多年来，翻车作为一种重要的农业灌溉工具，在我国一直被广泛地使用着，特别是在江南地区，直到今天还可以看到它。

发明巧思绝世

想知道马钧有多聪明吗？咱先来追溯一下机器人的“祖先”。

相传，古人在指南车上用了个木头人，这种木头人就是机器人的祖先。到了三国时期，又有了一种名叫“水转百戏”的木偶玩具，这种玩具在水力的带动下能做各种动作，会唱会跳会爬，变化无穷。这指南车和“水转百戏”，都与马钧有很大的关系，你说他聪明不聪明？

(一) 指南车“落地”

东汉时期，伟大的科学家张衡利用纯机械的结构，创造了指南车，可惜张衡造指南车的方法后来失传了。

到三国时期，人们只从传说上了解到指南车，但谁也没见过指南车是啥模样。当时，在魏国任给事中的马钧对传说中的指南车极有兴趣，决心要把它重造出来。然而，一些思想保守的人知道马钧的决心后，都持怀疑态度，不相信马钧能造出指南车。有一天，一些官员就指南车和马钧展开了激烈的争论。散骑常侍高堂隆说：“古代据说有指南车，但文献不足，不足为凭，只不过随便说说罢了。”骁骑将军秦朗也随声附和道：“古代传说不大可信，孔夫子对三代以上的事也是不大相信的，恐怕没有什么指南车。”马钧说：“愚见以为，指南车以往很可能是有过的，问题在于后人对它没有认真钻研，就原理方面看，造指南车还不是什么很了不起的事。"高堂隆听后冷冷一笑。秦朗则更是摇头不已，他嘲讽马钧说："你名钧，字德衡，钧是器具的模型，衡能决定物品的轻重，如果轻重都没有一定的标准，难道就可以制作模型吗？"马钧道："空口争论，又有何用？咱们试制一下，自有分晓。"随后，他们一起去见魏明帝，魏明帝遂令马钧制造指南车。马钧在没有资料、没有模型的情况下，刻苦钻研，反复试验，没过多久，终于运用差动齿轮的构造原理，制成了指南车。事实胜于雄辩，马钧用实际成就胜利地结束了这一场争论。马钧制成的指南车，在战火纷飞、硝烟弥漫的战场上，不管战车如何翻动，车上木人的手指始终指南，引起了满朝大臣的敬佩，从此天下服其巧也。

（二）百戏木偶动起来

一次，有人给魏明帝进献了一种造型相当精美的百戏木偶，但是这些木偶只能摆在那里做装饰品，魏明帝遗憾之余心里总是痒痒的："要是这些木偶能动起来，肯定很好看。"想着想着，他突然想到了制成指南车的马钧，于是马上召见。魏明帝问马钧："你能使这些木偶活动吗？"马钧肯定地回答道："能！"魏明帝遂命马钧加以改造。马钧接令后，用木头制成原动轮，以水力推动，使其旋转，这样，上层所有陈设的木人都动起来了。有的击鼓，有的吹箫，有的跳舞，有的耍剑，有的骑马，有的在绳上倒立，还有百官行署，真是变化无穷。并且这些木人出入自由，动作极其复杂，巧妙程度是原来的百戏木偶无法比拟的。马钧为它重新起了个名字——"水转百戏"。

（三）弩机过目即成

连弩是诸葛亮出师北伐时发明的，每次可连发数十箭，威力很大。这天，魏军在战场上捡到，拿给马钧看。当时马钧年事已高，但他只看了一眼，就知道毛病在哪里了："巧是巧了，但还有不到的地方，如再改进一下，威力还可增加五倍。"于是，他便将连弩进行了改进，取名为弩机，可以连续发射几十支。可见，马钧的聪慧堪与诸葛亮相比呀！

从新式丝绫机到翻车，从指南车到"水转百戏"，再到弩机，还有许许多多因"罢黜百家，独尊儒术"而未能付诸实施的发明，马钧的功绩让世人惊叹，这里索性以文学家傅玄的评价结束本文：马先生，天下之名巧也。

贾思勰：
千虑集要术　农圣惊四海

提起山东寿光，大家就会想到“中国蔬菜之乡”，这个位于山东半岛中部、渤海莱州湾南畔的地方，农业之所以如此发达，有着久远的历史渊源。这里是一代农圣贾思勰的故乡，在此，他写出了令天下惊叹的农业百科全书——《齐民要术》。如同马钧一样，这位影响中国千年的重要人物，史书上却未见记载，今天，我们也就只能循着让他扬名的《齐民要术》，去探寻、去走近、去感触……诗云：齐鲁自古芳菲地，麦生双穗果连枝；贾公千虑集要术，耕耘播种应天时。

人物档案

贾思勰（生卒年不详），益都（治今山东寿光南）人，北魏孝文帝时杰出农学家，约在公元6世纪30～40年代写成了中国古代著名的农业科学巨著《齐民要术》。

采撷经传

北魏孝文帝时期某年的春天，天蓝如洗，白云悠悠，而遍地点缀的却是稀稀疏疏的绿色：田里的庄稼稀稀落落，路旁的树木只剩了光秃秃的枝条，在微风中摇曳，路旁沟垄上的野草也无精打采，有些难民在挖野菜，空旷的天空偶尔有几只小鸟飞过。在齐郡益都的一个农家小院中，一位中年人正在奋笔疾书，他的书桌上摆满了各种各样的书籍，其中有两部书我们很熟悉（因为前文介绍过），一本是《氾胜之书》，一本是《四民月令》。

这个中年人就是刚从高阳郡太守位置上退下来的贾思勰。为什么仕途正旺之时归隐乡里一心著书？当然是兴趣所致，还有就是人到中年更加明了自己的追求。而这，也是有背景的。

贾思勰出生在一个世代务农的书香门第，他的祖上虽是农民，却并不只是日出而作、日落而息，在劳作的同时，还喜欢读书、学习，特别重视农业生产技术知识的学习和研究。这些都无形中在贾思勰的脑海里留下了深深的烙印。而并不很富裕的家中拥有的大量藏书，更使贾思勰获取了各方面的知识。成年走上仕途后，贾思勰有机会走过许多地方，每到一处，他都习惯性地认真考察和研究当地的农业生产技术，从而更加喜爱农学，他的心中也由此埋下了著书为民的种子。

摘掉乌纱帽，穿上布衣衫，贾思勰回到了自己的家乡，一边开始从事种庄稼、养羊等农业生产劳动和放牧活动，一边提起了准备已久的笔。

贾思勰将这部书的名字定为《齐民要术》，"齐民"是使人民丰衣足食的意思，"要术"是指重要的方法。他先在序中阐述了编写该书的原则，其中第一条是"采捃经传"。他所采用的前人著作包括《氾胜之书》、《四民月令》在内共有150多种，其中他引用管仲的"一农不耕，民有饥者；一女不织，民有寒者"（《管子·揆度》）、晁错的"夫珠玉金银，饥不可食，寒不可衣……粟、米、布、帛……一日弗得而饥寒至，是故明君贵五谷贱金玉"（《论贵粟疏》）等充分论证了自己"农为政首"、"贵五谷而贱金玉"的重农思想。值得一提的是，贾思勰著书征引前人典籍并不拘泥于前人见解，如《氾胜之书》中说，黍子的种植要稀一点，可贾思勰通过亲自实践发现，如果密植，棵虽发得小些，但是籽粒匀称饱满，米色比较白，比稀植效果好，于是他就在《齐民要术》中纠正了《氾胜之书》的说法。

爰及歌谣

爰及歌谣，就是大量地搜集农谚，从中总结农业生产经验。这是贾思勰编《齐民要术》遵循的第二个原则。据查，《齐民要术》中，贾思勰记载的农谚有30多条，这里撷取一些与大家分享。

"湿耕泽锄，不如归去（回家）"，意思是说，地太湿就去翻耕，会使土地板结，不如不翻好。

"耕而不劳，不如作暴"，意思是说，耕了地面不把它平整好，那就等于瞎胡闹。

"锄头三寸泽（水分）"，意思是说，锄头上带有三寸深的水，勤锄勤耪，利于保墒。

"祭（縻子）青喉，黍折头"，意思是说，忌在穗与秆相接的地方还没有变黄时就收割，尤其是黍子要等完全成熟、穗子弯下头时才能收割。

……

《齐民要术》为我们保存的许多农谚，都包含着丰富的经验和深刻的道理，十分珍贵，有兴趣的不妨读一读，相信定会有不少收获。

询之老成

上面说到，贾思勰四方搜集农谚，总结、整理、解读后汇编入《齐民要术》的就有30多条，这30多条的背后，贾思勰走了多少路，磨了多少嘴，付出了多少艰辛，我们不得而知。其实这个搜集的过程也折射出贾思勰编写《齐民要术》的另一个原则——询之老成。

贾思勰养羊的故事就是他询之老成的一个缩影。

为了获得北魏国人的信服，从而推广农业生产，某一年，贾思勰养了200头羊。由于事先不知道一头羊该准备多少饲料，不到一年，200头羊饿死了一大半。找到原因后，贾思勰又养了一群羊，并且种了20亩大豆。他想，这次羊总不会死了吧！哪知饲料倒是不缺，可羊还是死了许多。贾思勰百思不得其解，成天茶饭不思，苦恼至极。邻里一位好心人打听到100多里外有一位老羊倌，是个养羊高手，立即把这消息告诉了他。贾思勰听后二话没说，连夜赶赴老羊倌家求教。一到老羊倌家，他便拜其为师，滔滔不绝地讲述自己养羊的情况，诚恳地请他指教。老羊倌被他的诚意所感动，留他在家住了好几天，让他仔细观察自己的羊圈，并且将羊的选种、饲料的选择和配备、羊圈的清洁卫生及管理方法一一细细讲给他听。

贾思勰从老羊倌的叙述中，明白了自己第二次养羊失败大概是由于羊圈管理不得法的缘故。老羊倌说："你的悟性真高，羊是不吃自己撒过尿拉过屎的饲料的。你把饲料乱扔在羊圈里，让羊在上面踩来踩去、撒尿拉屎，就是准备再多的饲料也是白搭啊！"找到了病因，贾思勰一路小跑回到家中，操起扫把就开始打扫羊圈，一切收拾妥当，他按照老羊倌的指点又养了一群羊。这群羊养得膘肥体壮不说，产奶也多，成活率相当高。从此，贾思勰的名声传了出去，越来越大，向他求教的人络绎不绝，人们信服地称他为养羊能手。

验之行事

尝到了"询之老成"的甜处，贾思勰又上路了。他不辞劳苦，跋涉千里，足迹遍布河南、河北、山西、山东等省。有一次他到山东，正值春耕，见一个老农正在耕作，而旁边却有很多地荒着，他便走上前去问老农："为什么要把地荒在那里呢？"老农告诉他说："这叫养田，要保持地的肥力就要懂得轮作的道理，有时还可以用套种的办法，这就不用抛荒了。"贾思勰听后连连点头称是。

还有一次，贾思勰经过一个村庄，看见一个农民俯着身子在庭院里捡麦粒，一副极为认真的样子。他觉得很奇怪，便走进去询问，原来这位农民正在挑选麦种。他给贾思勰讲选种的事："选种子是种庄稼不可草率的大事。一般人仅知道选种要选长得饱满的穗子，但未必知道还要察看种子的颜色纯不纯。同时还要注意把割下的穗子高高挂起，待到来年春天再打下来做种。人们更不知道土质不同、气候有别的地，对品种的要求是不同的，它们的区别主要在茎秆上。一般说，潮湿温暖的低地种谷子，要选用茎秆柔弱、生长茂盛的；风大霜重的山地种谷子，要选茎秆坚实的。犁地在七月间，犁地之前，要看地里长没长茅草，长着茅草的地，需先赶着牛羊在上面踩一遍，等七月犁地时，茅草才会死去。”贾思勰学到这些宝贵的经验后，便像养羊一样亲自实践了一把。

验之行事才放心。《齐民要术》中所有的农业生产技术和经验都是贾思勰在无数次的实际操作中得出的，正是靠着这种实事求是的工作态度，《齐民要术》才真正地深入人心，有力地促进了农业发展，被誉为具有高度科学价值的农业百科全书。

陆龟蒙：

泥塘中的一朵莲

人物档案

陆龟蒙(？~约881)，字鲁望，自号江湖散人、甫里先生，姑苏(今江苏苏州)人，唐朝农学家、文学家。他编著的被誉为"农书三宝"之一的《耒耜经》收录在《甫里先生文集》第十九卷中。

昨日，一位老友打电话给我，说是又得了一块宝石，情绪很是激动。在被他情绪感染的同时，我的眼前浮现出这位喜好诗文、才华横溢的医生朋友来，他现在可是完全地告别了听诊器，"解甲归田"过起半个陶渊明式的生活了。

我这位朋友的浪漫在今天来看是少有的，但在浪漫的唐朝，却有着一大批文人雅士选择这样的生活方式，在他们当中，绝大部分是隐居而躬耕的，大文豪陆龟蒙就是其中的一位。

泥塘中的一朵莲

1000多年前的唐朝末年的一天，一位中年人乘着一叶小舟来到了江苏松江浦，茫茫天地间只剩下孤寂的脚步声伴随着他失落的心境，他徘徊在凄凉的松江浦上……这人，正是陆龟蒙，辞职来到这里后，他给自己起了两个号：江湖散人、甫里先生。

有道是学而优则仕，放着好好的官不当，偏偏要归田躬耕，这是为何？带着无限惆怅我开始翻阅历史，得到了这样的信息：公元9世纪末，大唐已走向了崩溃的边缘，朝廷里宦官得势，权贵互相倾轧；地方上藩镇割据，民不聊生，到处一片凋敝不堪的悲惨景象……面对这些，青年时代的陆龟蒙也曾立下"救民于水火"的大志，盼望能在政治上有所作为。在考进士落榜后，他又到苏州和湖州做过刺史的幕僚。

然而，无情的现实却一次又一次地摧毁着陆龟蒙的理想。官场腐败日甚一日，使他更加看清了朝廷的黑暗本质。他最终决定脱离污浊的现实，去寻求一片与世无争的净土。就这样，他来到了渺无人烟的松江浦，和身边仅有的一个朋友吟馀凭几饮，钓罢偎蓑眠，过起了闲散生活。

陆大散人真的能超然于世吗?NO!因为他从离开朝廷的那一刻起，就决定拿起手中的笔，用另一种方式关注“天下”。于是，一篇篇犀利的文章好像是污浊泥塘中伸出的把把尖刀，在幽暗的月光下显得格外刺眼，锋利地刺向黑暗的朝廷。

“素花多蒙别艳欺，此花端合在瑶池。无情有恨何人觉，月晓风清欲堕时。”(《白莲》)

好一朵泥塘中的白莲!

甫里诗意农学家

不做官了，没了固定的收入来源，何以维持生计？经过一段时间的挣扎，陆龟蒙突破了“农者不学，学者不农”的心理障碍，由隐士跨入了躬耕队伍。我想，也许正是因为摆脱了儒家传统礼教的束缚，才使他成为著名农学家的吧。

躬耕于田的生活，陆龟蒙过得充满诗意。

陆龟蒙有田数百亩，屋30楹，牛10头，帮工20多人。由于甫里地势低洼，经常遭受洪涝之害，陆龟蒙因此而常面临饥馑之苦。在这种情况下，他亲自扛畚箕，执铁锸，带领帮工，抗洪救灾。有人笑他太笨，他却回答：“尧舜二帝皆因劳动而晒得又黑又瘦，大禹的手与脚都长茧了，他们都是圣人，还如此勤劳，我只不过是一个平民百姓，又怎么敢不辛勤工作呢？”他不仅学着古圣人的样子去劳动，而且平日稍有闲暇，便带着书籍、茶壶、文具、钓具往来于江湖之上。在躬耕南亩、垂钓江湖的生活之余，陆龟蒙写下了许多诗、赋、杂著，其中有许多反映农民生活的田家诗，如《放牛歌》、《刈麦歌》、《获稻歌》、《蚕赋》、《渔具》等。他还将劳动中对农具的考察研究进行总结，写成了专论《耒耜经》。

这里撷取他的一首闲适诗和大家共品：“几年无事傍江湖，醉倒黄公旧酒垆。觉后不知明月上，满身花影倩人扶。”这便是有名的《和袭美春夕酒醒》(袭美即陆龟蒙的好友皮日休)，醉酒之乐，潇洒自如，情趣盎然。

《耒耜经》问世之后

《耒耜经》问世之后，陆龟蒙也就完成了从隐士到农学家的转变，大量的溢美之词扑面而来。呵呵，可别当真，这个“之后”是很久以后的事了。《四库全书总目提要》说《耒耜经》“叙述古雅，其词有足观者”。元代陆深将《耒耜经》与《氾胜之书》、《牛宫辞》并提，誉为“农书三宝”。科技史学家白馥兰说，《耒耜经》是一本中国农学著作中里程碑式的著作，欧洲一直到这本书出现6个世纪后才有类似著作。

咱们来看看这本宝书是咋获得这些荣誉的。

其实《耒耜经》很短，短得连序在内，只有633字。耒耜本是两种原始的翻土农具，后来随着金属工具和兽力的使用，耒耜便进化为犁，秦汉时，多为直的长辕犁，回转不灵便，尤其不适合南方水田使用。唐代时长辕犁改进为曲辕犁，并在江东一带广泛使用。《耒耜经》详细记载了江东曲辕犁：为铁木结构，由犁铧、犁壁、犁底、压镵、策额、犁箭、犁辕、犁评、犁建、犁梢、犁盘等11个零部件组成。犁铧用以起土，犁壁用以翻土，犁底和压镵用以固定犁头，策额保护犁壁，犁箭和犁评用以调节耕地深浅，犁梢控制宽窄，犁辕短而弯曲，犁盘可以转动。整个犁具有结构合理、使用轻便、回转灵活等特点。另外，《耒耜经》对各种零部件的形状、大小、尺寸也有详细记述，十分便于仿制流传。

《耒耜经》一共记载了4种农具，除江东曲辕犁以外，还有爬（即耙）、礰礋和碌碡，可以说是中国最早的一部农具专著，也是第一篇谈论江南水田农业生产的专文。

《茶经》和"能言之鸭"

同陆龟蒙结识了半天也累了，索性沏杯茶坐下来听个故事吧，故事名叫"能言之鸭"。

陆龟蒙以养鸭为乐，尤喜养绿头鸭，据说它们好斗。这天，有个在宫廷任警卫、号称"金弹丸"的官吏经过时，见一群鸭子玩得正欢，用弹弓打死了其中的一只。陆龟蒙找到他说："这只鸭子会说话，我刚好要进贡给皇上，现在如何是好？""金弹丸"吓坏了，连忙拿出身边的一套银盘求情。临走时，"金弹丸"好奇地问："那鸭子会说什么话？"陆龟蒙叹着气回答："唉，教了它几年，它只会'呷呷呷'叫喊自己的名字。"知道上当的"金弹丸"只得自认倒霉。

甪直保圣寺的工作人员介绍，斗鸭池上建起清风亭前，还有两个长2米、用整块武康岩凿成的饲鸭石槽，那可是陆龟蒙养鸭的遗迹。

故事听了，茶也喝了，知道《茶经》是谁写的吗？告诉你吧，也是陆大散人在湖州顾渚山的自家茶园中写的。

是的，陆龟蒙爱茶如命，他常常独自一人或邀请一两个挚友以品茶的方式来领悟人生的真谛。有一年深秋，陆龟蒙的朋友送给他一套上等茶具并告诉他：这是世间稀有之物，只有懂它的人才配玩赏。这便是20世纪80年代末在陕西扶风县法门寺发现的唐代佛塔地宫中出土的秘色瓷！

陆龟蒙用一首诗陪伴着"秘色瓷"三字度过了1000多年。云南卫视曾播出过一档揭秘法门寺佛塔地宫的节目，其中详细地讲到了佛骨舍利和秘色瓷，还有陆龟蒙的那首朦朦胧胧的小诗："九秋风露越窑开，夺得千峰翠色来。好向中宵盛沆瀣，共嵇中散斗遗杯。"这首《秘色越器》是《全唐诗》里唯一一首描写秘色瓷的诗。

陈翥：孤独的桐竹君

人物档案

陈翥（982~1061），字凤翔，号虚斋、桐竹君，池州府铜陵县贵上耆土桥（今安徽铜陵钟鸣镇）人，北宋农林学家。

"妈妈，这周末带我去哪儿找春天呀？"一大早，女儿刚从床上爬起来就缠着我问。是啊，又是周末了，时间过得可真快，看来上周末去丰乐葵园找春天已经让女儿深深爱上了大自然。

"上周末挖了荠荠菜，这周末带你去闻春天的花香。"

"妈妈，春天都有什么花呀？"

"有迎春花、桃花、杏花、槐花、桐花等，好多好多。"

"桐花是什么花？它的香味甜不甜？"

……

伴着女儿稚嫩的话语，我开始穿越时空，走进1000多年前陈翥的泡桐世界："吾有西山桐，桐盛茂其花。香心自蝶恋，缥缈带无涯。白者含秀色，粲如凝瑶华。紫者叶芳英，烂若舒朝霞。素奈未足拟，红杏宁相加。世但贵丹药，夭艳资骄奢，歌管绕庭槛，玩赏成矜夸。倘或求美时，为尔长吁嗟。"（《西山桐十咏·桐花》）不知不觉，周身溢满了陈翥桐花般怒放的诗情。

读书种子不入仕

陈翥，何许人也？那是一个精美绝伦的词句似柳絮飘扬的朝代，池州府铜陵县贵上耆土桥一户没落官宦之家出了一个另类：他酷爱读书，嫌家里吵，就跑到金榔山塴村的鸡垅山山顶自己搭建了一个小屋潜心苦读，后来又跑到马仁山乌霞洞里读书，期间，老婆孩子、兄弟姐妹一概非时不见；他学识渊博，却一生不参加任何科考以改变自己和家人的命运，还拒绝了朝廷征用；乡人都靠种桑树发家致富了，可他却在自家的西山上种卖钱不多的泡桐和竹子……这个另类就是陈翥。

读书种子不入仕，难道他爸妈不管？唉！另类都是成长环境造成的呀。咱们一起来回顾一下陈翥的经历：12岁时父亲去世，为父亲冲喜而娶的罗氏过门4年后去世，16岁时续娶赵氏，3个儿子相继出生后，严重的胃下垂折磨他10多年，搞得他骨瘦如柴。于是，他渐渐地开始离群索居。不难看出，生活重负和精神压力是陈翥放弃走科考仕途的主要原因。

胸怀山野大文章

难不成这个读书种子真是个书呆子？非也。我倒是觉得，他的归隐之想，多少带有排除外界干扰、实现自己学术志向的色彩。

为啥将学术志向定在了泡桐研究上？大家都知道，桐是传说中凤凰栖止的树木，历史上曾有人因种桐而结识贵人，自号桐竹君的陈翥心中也指望着有一天"大匠如顾怜，委躯愿雕斫"(《西山桐十咏·桐栽》)。再者，在陈翥看来，桐树到冬天落叶能顺时之变，是一种用途广泛的良材。他用这种植物来象征自己，颇有孤芳自赏的意味。

于是，他有意识地为自己创造了一种孤独的环境，胸怀山野大文章，在村后西山南面整出两三亩地，过起了植桐种竹的生活。

几年以后，陈翥所栽的泡桐树，森然茂盛，他常"游焉而至其中，休焉而坐其下，可以外尘纷，邀清风，命诗、书之交，为文、酒之乐，亦人间之逸老、壶中之天地也"(《桐竹君咏并序》)。

瞧，满腹学问却面庞黑瘦、腰扎麻绳、头戴草帽的陈翥，正在桐竹摇曳的西山上穿梭呢。他的这份痴迷究竟到了哪种境界？

闭户痴迷桐竹园

这人哪，一旦决心归隐，也就退一步海阔天空了。话说陈翥闭户躬耕后，那是天天泡在自己心爱的桐竹园里，整地、栽植、抚育幼林，忙得连自己的老婆孩子十天半月都难得见上一面。

要说陈翥这么辛苦地劳作，家里的日子肯定会好过些吧？一点也不，他种的泡桐，在当时可是投入大不赚钱且还没有普遍种植的呀。

可陈翥喜欢，还越种越迷，索性将读书学习爱钻研的习惯同耕种生活结合起来，在乌霞洞又建一个书室，日耕夜读，真真正正地做起了山野大文章。

一个大男人官不当，家不顾，肯定要受到家人的埋怨。这不，麻烦来了——包拯出任池州刺史，慕名造访，劝陈翥出山，陈翥婉言谢绝了。包拯回朝担任御史中丞，仍屡向朝廷举荐陈翥。陈翥43岁的时候，宋仁宗下诏征用，他还是丝毫不为所动。包拯敬其为人，再次派专使赠送黄缎、色纱各两匹，白银二百四十两，绢轴一帧，题诗以颂其节操："不听天子宣，幽居碧涧前。钟鸣花寺近，肱枕石狮眠。禅有远公偈，辞能靖节篇。一竿堪系鼎,千古见心传。”(《陈公学堂诗》)得了领导的赞誉,陈翥并不高兴,他心中纠结得很——兄弟们埋怨、取笑、不搭理他。也难怪,光宗耀祖没指望了,光也沾不上了,能不埋怨吗?算了,我种泡桐我快乐,我的世界在桐竹园,我要抓紧时间研究,把桐的新分类、育苗新方法、培植新手段、材质新用途总结出来,这才是利国利民的大事呀!想到这里,我们的桐竹君淡然了。从此,封建社会少了一个卫道士,中国农科史上却多了一位学者、专家。

从容一生著《桐谱》

等了这么久,终于要见到《桐谱》真颜了。

这本陈翥耗尽一生心血集成的泡桐百科全书都讲了些啥呢?

《叙源》篇对古代有关桐树名实上存在的一些问题进行了考证,指出古文献上所谓的桐、梧、梧桐,其实一也,同时还对桐树的形态特征和生物学特性、桐树的材质以及桐树的花、叶等综合利用问题作了论述和介绍。

《类属》篇对桐树的品种及分类作了专门的论述,把桐树分为七种(白花桐、紫花桐、油桐、刺桐、梧桐、贞桐、赪桐)三类,既注意到了它们之间不同的个体差异,也注意到了它们之间的一些共性,主要包括如纹理、树形、叶形、生长习性、毛色、花实、功用等方面,突破了《齐民要术》仅仅按花实将桐树划分为“白桐”和“青桐”的界线,是桐树分类上一个了不起的进步。

《种植》篇着重介绍了桐树苗木繁育、造林技术、幼林抚育等方面的技术,其中包括播种、压条、留根、整地、造林和栽植方法以及平茬、抹芽、修枝、保护的方法。

《所宜》篇专门论述桐树所适宜的生长环境,包括地势、地力、光照、温度、水分等,并提出了一些相应的技术,如中耕、除草、施肥、疏叶等。

《所出》篇记录桐树产地分布,该篇所辑录的有关文献资料表明,北宋时期长江中下游地区,特别是其以南地区,桐树的自然分布和人工栽培均很普遍,其中又以蜀中最为有名。

《采斫》篇总结了桐树修剪疏枝和成材采伐的经验。

《器用》篇总结了有关桐树木材利用方面的经验。

《杂说》篇选编了有关桐树的逸闻轶事。

《记志》篇包括《西山植桐记》和《西山桐竹志》两篇文章,记述了陈翥在西山之南种植桐竹的经历。

《诗赋》篇收录了陈翥有关桐的诗词歌赋,多为借词以见志之作。

“胸罗星斗天文象,心契山川地理图。七聘三征皆不就,优游林下乐何如。”(《题陈公学堂》)读罢萧定基的这首诗,我忽然明白了:是孤独成就了陈翥,是《桐谱》让1000多年后的今天,人们开始无限向往那万千粉紫竞斗芳菲的桐花海,向往那种简单而馥郁、孤独而芬芳的生活。

陈 旉：

耄耋之年著《农书》

人物档案

陈旉（1076~1156），号西山隐居全真子，南宋农学家，著有《农书》三卷。

烟花三月下扬州。这不，清明小长假到了，咱们就先来一次江南农业生态游，导游嘛，定的是一位全真派的弟子，他的能耐可大了：能贯穿出入于六经诸子百家之书、释老黄帝神农氏之学，都74岁高龄了，还写出了一部关于江南泽农生产技术的农学巨著——《农书》。这下，知道咱这导游叫啥了吧？对，陈旉，陈导。

走喽，跟着陈导下江南！第一站：扬州西山。

西山隐居全真子

为什么第一站到西山？此乃陈导躬耕隐居之地也。

西山是太湖中最大的岛屿，山水相得，相映增辉。想当年，年轻的陈导特别喜欢农艺，他跑遍江淮、江南各地后，一心归隐，想过躬耕于田的日子。于是，他的脚步在西山这个风水宝地停下了，他开始在这里种药治圃。

在西山，陈导还加盟了全真教，自号西山隐居全真子。

全真教是中国道教的一个重要派别，创教于靖康（北宋钦宗年号，1126~1127）以后。全真教提倡济贫拔苦，先人后己，与物无私，并主张道、释、儒三家合一。道徒多为河北之士，不尚符箓，不事烧炼，有少数人还从事抗金活动，大多则自耕自种、自食其力，不求闻达于诸侯。难怪陈导要加盟，这合他不求仕进的胃口呀！

真正的隐士往往是要躬耕而著书的，陈导当然不能例外。怀着一腔帮助江南泽农发展农业生产的热情，加上全真教徒的无私精神，躬耕之余，陈导提起了笔，将自己亲身实践过的农业生产技术及经验详细记录下来。由此，一个伟大的、有补于来世的工程拉开了帷幕。

经营农业有一手

“大家知道什么叫‘葑田’吗？且听老夫讲给你听。”陈导肚子里的故事可多了，咱们可得听好了。

话说很久以前，有一位北方人到广东番禺当县官。他刚一上任，就有人告状，说自己的菜地被偷走了。这位县太爷一听，火冒三丈，心想：“菜能偷走，菜地怎么能偷走呢？”于是，他下令将告状者关进监狱。

旁边师爷明白，这位县太爷入境没问俗，闹笑话了。他告诉县太爷：“海之浅水中有荇藻之属，风沙积焉，其根厚三五尺，因垦为圃以植蔬，夜为人所盗，盗至百里外，若浮筏故也。”这位县太爷了解实情后，连忙放出告状者，秉公审案。咳！都是葑田惹的祸。

葑，是菰草根，即茭白根。生长在水中的菰草，长年累月枯荣相继，根蔓纠缠结成一大片，经水浸风刮，根部逐渐烂断，脱离泥底，自然形成厚几尺、长数丈、漂浮于水面上的小岛。人们平整小岛，种上水稻和蔬菜，这就叫做“葑田”，这也是无土栽培的鼻祖。

江南多葑田，该如何经营？要依地势之宜。土地的自然面貌和性质多种多样，有高山、丘陵、高原、平原、低地、江河、湖泊等区别，地势有高下之不同，寒暖肥瘠也随之各不相同。因此，治理时，各有其适宜的方法。

比如造葑田：“若深水薮泽，则有葑田，以木缚为田丘，浮系水面，以葑泥附木架上而种艺之。其木架田丘，随水高下浮泛，自不淹溺。”（《农书·地势之宜》）而高田，就要在高处来水汇归的地方凿陂塘，储蓄春夏之交的雨水。陂塘的大小，根据灌溉所需水量而定，大抵是10亩田划出两三亩来凿塘蓄水。堤岸要高大，堤上种桑柘，以便系牛。这样做可以一举数得：“牛得凉荫而遂性，堤得牛践而坚实，桑得肥水（牛粪尿）而沃美，旱得决水以灌溉，潦即不至于弥漫而害稼。”（《农书·地势之宜》）怎么样？陈导的小型土地利用规划巧妙吧！

坚信地力常新壮

逛了西山，看了葑田，是不是越来越对咱们陈导感兴趣了？别着急，看一个人，得先看他的品性。而据我观察，但凡干大事业的人，都有一股子倔劲，更确切地说，就是坚定的信念。陈导当然不例外。

大家都知道，江南的气候温暖潮湿，这方水土滋养的姑娘都是水灵灵的，小伙子呢，十有八九是才子。

殊不知，这温暖潮湿的气候特征对土壤活动也是非常有利的，也就是说在这样的气候条件下，土壤肥力恢复较快。但温暖潮湿也意味着植物生长季节的延长，对土壤养分的征取便更加剧烈。同时，绵长的雨季也加剧了土壤养分的流失。所以用人工向土壤中补足矿物质养分和有机物，还是很必要的。怎么处理好这个问题呢？咱们陈导自有高招：治之得宜，皆可成就。知道吗？这就是人定胜天的基本原则呀！

心中确立了这样的观点和思想，陈导干起活来那叫一个爽！先说继承战国以来“地可使肥，又可使瘠”（《吕氏春秋·任地篇》）思想时他是怎么做的吧。陈导认为，农田耕种三五年后地力就会疲乏的说法是不对的，是没有经过认真思考的。如果能常给农田添加新而肥沃的土壤，并有效地施用肥料，则可使土壤越来越精熟肥美，地力将常新壮。

哇噻！在800多年前，就明确提出如此豪迈而且具有重大实用意义的基本原则，咱们陈导的观察力是何等敏锐呀！还有呢！在这一基础上，陈导又指出，土壤好坏、肥瘠虽不一样，但治理得宜，都可长出好庄稼。看出来了吧？陈导提出的这两条原则，都包含着坚强的、可以用人力改变自然的信念。这和近代苏联土壤学家威廉斯提出的“没有不好的土壤，只有拙劣的耕作方法”的看法，基本一致。

多方论证了地力常新壮的观点后，陈导对土地施肥技术更着迷了。突然有一天，他的这种痴迷在沉默中爆发了。他奋笔疾呼：农民兄弟们，一定要千方百计开辟肥源，多积肥料，大家可以试试制造火粪、堆肥发酵、粪屋积肥、沤池积肥，效果好得很哩！一时间，江南泽农纷纷积肥壮地，那场景用“壮观”来形容一点也不为过。

著书追求体系

了解了陈导，咱们这次江南行的最后一站也到了——《农书》。

这是一本完整而系统的农学著作，全书分上、中、下三卷。上卷是土地经营与栽培总论的结合；中卷《牛说》，在性质上为农耕的一部分，因为牛是作为耕种用的役畜饲养的；下卷《蚕桑》，只谈蚕和桑，而没有缫丝、纺、织、染的叙述。陈导开先例把蚕桑作为农书中的一个重要部分来处理，这一想法大大影响着后来的一些农书，如元代的《农桑辑要》、《农桑衣食撮要》等，都是“农”、“桑”两字连称并举的。

咱们先来看看书的编次，比如上卷，陈导用“十二宜”为篇名，各篇有一定的顺序，并互有联系，组成了一个完整的有机体。再看各篇的内容，虽不很充实，且一个问题往往散见于若干篇，但对每项内容都能提出一些系统性的理论。

陈导说：“对事物进行研究，摸索规律很重要。”在《天时之宜》篇中，他较系统地讨论了天时变化的规律及掌握它的基本原则；《善其根苗》篇一开始就指出培育壮秧的总原则；《牧养役用之宜》篇概括地论述了牛的饲养管理原理……

时间过得真快，转眼就要和可爱又可敬的陈导说再见了。不知你怎么想，反正我眼前挥也挥不去的是通过陈导了解到的江南泽农热火朝天的农耕场景，心头想了又想恨不得现在就去体验一把的采桑和养蚕。突然想到当前有许多城市人到郊区租块地务农，无意中我竟在意识上赶上了这个时髦，这得感谢陈导，感谢他的《农书》。

让我们用中国农史学家万国鼎的话来结束这次穿越时空的江南行吧：陈旉《农书》篇幅虽小，实具有不少突出的特点，可以和《氾胜之书》、《齐民要术》、《农政全书》等并列为我国第一流古农书。

楼 璹：《耕织图》后的劝农大使

人物档案

楼璹（1090~1162），字寿玉，又字国器，浙江鄞县（今浙江宁波）人。他编绘的《耕织图》是我国古代劝课农桑、记录稻耕和丝织生产的系列图谱。

时下，但凡举办一项活动，大都少不了形象大使，有名气的诸如申奥大使杨澜、环保大使周迅、无偿献血形象大使濮存昕……上海世博会当然也不例外，形象大使那是一个馆一个，选拔赛搞得那个火哟，你就尽情地发挥想象力吧。

今天我给大家介绍的这位形象大使，岁数是最大的，特长是"冈冈的"，奋斗的专业也是独树一帜的，他就是南宋劝农大使楼璹。

宁波楼家寿玉　蒙父恩泽得官

公元1090年，在浙江宁波一个楼姓书香世家，一名天才画家诞生了。楼家的老爷子叫楼异，宋神宗元丰八年（1085年），才华横溢的楼老爷子考取了进士。咱们说的这个天才画家就是楼老爷子初入仕途不久得的，他欢喜之余，自然寄予厚望，这从名字上就可看出来——璹，字寿玉，又字国器。又是玉，又是国之大器，这个楼璹不成才才怪。

楼璹的出生给父亲带来了连连好运：宋哲宗元符二年（1099年），楼异任登封县令；宋徽宗政和七年（1117年），楼异以馆阁学士知随州事。他在上任前向宋徽宗辞别时，奏请在明州设置高丽一司（即明州高丽使馆），依照宋神宗元丰年间（1018~1085）旧制，重开中朝贸易，建议将明州广德湖开垦为田，收其田租以给国用。他的建议得到宋徽宗的赞许，宋徽宗于是改任其为明州知州，赐金紫。明州鄞西依赖广德湖湖水灌溉，广德湖是有名的水利工程，但湖面一部分已被土豪侵占为田。楼异到任后，令尽泄湖水，废湖为田。宋徽宗对他很是满意，令他连任明州牧，加直龙图阁秘阁修撰，又升至徽猷阁待制……父亲的好运不仅光了宗耀了祖，更重要的是让楼璹在找工作上少走了许多弯路。他先是在婺州做幕僚,没多久,便被提拔到于潜县,当起了县太爷。

响应皇室旨意 加强农业宣传

父亲因农田水利被皇上赏识,自己当然得青出于蓝而胜于蓝。有了这个发展基调,楼县长在工作中,紧紧围绕在以宋高宗为中心的皇室周围,求真务实,奋斗在农业生产及劝农宣传第一线。

南宋皇室为啥恁重视农业呢?偏安江南一隅的南宋王朝,为了稳定统治,为了增加税收,迫于形势,必须注重农业生产。南宋初,宋高宗以农桑为先务,他一直想在全国建一个宣传推广耕织技术的窗口。一天,他对众臣说:“祖宗时,于延春阁两壁,画农家养蚕织绢甚详。”领导发话了,而且非常直白地表示希望以绘画的方式介绍和传播农业生产技术,那还等什么?赶紧落实呗!

楼县长一马当先。为什么呢?一来,他受父亲的耳濡目染,对农业有着很深的感情;二来,他自小喜好诗画,尤喜写实画;这三么,自然是为了立功。于是,于潜县出了一个怪现象:稻田里,河塘边,农舍旁,县长大人和农民群众一同务农,还非常谦虚地问这问那,时不时地捡起根小树枝在地上画着什么。老百姓们看县长大人和自己一块干活儿,也急着表现,一时间,男耕女织,热火朝天,场面煞是壮观。

俯下身子和农民群众打成一片,并不是单纯地为了亲民,楼县长心里的打算长远着呢——绘编《耕织图》。在究访始末、亲身实践的基础上,楼县长带着深深的感动和责任心,列出了《耕织图》的绘编提纲:《耕图》,自浸种以至入仓,凡二十一事;《织图》,自浴蚕以至剪帛,凡二十四事。事为一图,系以五言诗一章,每章八句。

群众的眼睛是雪亮的,领导的耳朵也是贼尖的。楼县长课劝农桑成效显著的事传到皇帝的耳朵里了!皇帝那个高兴哪,近旁的大臣顺势力荐,就这样,楼县长得到了一次面圣的机会。整好衣冠,再看看《耕织图》,自个先小小地陶醉一番,走吧,别让皇帝等急了。

楼县长见到皇帝时的激动咱就不提了,单说说皇帝看罢耕织图后的反应吧:即蒙玉音嘉奖,宣示后宫,书姓名屏间……《耕织图》究竟有多美,且听下回分解。

图绘以尽其状 诗歌以尽其情

轻轻打开楼璹的《耕织图》,我没有惊叹,因为它逼真的平实让我感觉自己仿佛就是那图景中的一分子。我来到了宋朝,来到了于潜县,来到了楼璹的身旁。我要问问他:为什么要图绘以尽其状,诗歌以尽其情?

“农夫和蚕妇太辛苦了,作为他们的父母官,我有责任呼唤社会重视、支持农业,规劝社会各阶层体谅农民、尊重农民的劳动,更重要的是,我要使出浑身解数,宣讲农业技术,引导农业向着健康正确的方向发展。”楼璹说,“所以我的绘画技能就派上用场了。我是这样想的,耕织本身就是一种大众文化,所以必须通俗易懂,逼真形象,当然还要有旁白,这样的话更容易理解。从另一个角度讲,这也算是田园诗的一次推广活动吧,哈哈……”楼璹绘编《耕织图》的策划搞清了,咱们还得了解了解具体内容。有道是窥一斑而知全豹,这里暂且以“耙田”和“秧马”为例来赏析一下吧。

(一) 耙田

“雨笠冒宿雾,风蓑拥春寒。破块得甘霔,啮塍浸微澜。泥深四蹄重,日暮两股酸。谓彼牛后人,著鞭无作难。”(《耕图二十一首·杼耨》)

耙田和其他农事活动一样,不同人的感受是不同的。

“农务时方急,春潮堰欲平。烟笼高柳暗,风逐去鸥轻。压笠低云影,鸣蓑乱雨声。耙头船共隐,斜立叱牛行。”(《耙耨》)看,高高在上不察劳动之苦的清世宗雍正皇帝,把耙田描绘得多么轻松!在风雨中斜立耙上叱牛耙田的农夫似乎并不是在劳作,而是在欣赏那春潮、笼烟、暗柳、轻鸥,就连打在蓑衣上的雨点声,他似乎也听得津津有味。如果耙田人不是农夫,而是在藉田仪式上的皇帝,自然就是诗中描绘的心境了。

楼璹是真正体会到了耙田之苦的人,写出来的诗自然是另一种味道:两腿酸痛的农夫,不要说自己已无力扬鞭,即使有力,面对四蹄沉重的老牛,又怎能忍心抽打呢!据说几十年后,当雍正看过楼璹的《耕织图》之后,按照楼璹的原韵又一次为耙田写诗时,情感就有了很大变化:“皮衣岂农有,布褐聊御寒。翻泥仍欲平,驱耙漾细澜。率因人力惫,亦知牛股酸。寄语玉食者,莫忘稼穑难。”(《耙》)

(二) 秧马

“晨雨麦秋润,午风槐夏凉。溪南与溪北,啸歌插新秧。抛掷不停手,左右无乱行。我将教秧马,代劳民莫忘。”(《耕图二十一首·插秧》)

种水稻插秧是一项非常艰苦的劳动,千百年来稻乡农民一直为插秧而备受煎熬。就是到了近代,插秧仍是一种非常不容易实现机械化的农活。然而聪明的古代劳动人民,从不甘心向困难低头,为了减轻插秧、拔秧的艰辛程度,早在唐末宋初农民们就发明了一种可以大大减轻插秧、拔秧劳动强度的辅助农具——秧马。

秧马问世不久,就备受大诗人苏东坡的推崇。

据记载,苏东坡路过武昌时,见许多农民骑着秧马在田中插秧、拔秧,这引起了他的兴趣,于是他亲自下田观察,并向农民请教了秧马的用途及制作方法,然后写成了著名的《秧马歌》。他用一位操作秧马的农民的口吻赞颂秧马:在春雨凄凄的时节,一片片尖锐而整齐的秧苗成熟了,眼下即将来临的又是一场艰辛的拔秧、插秧劳动,想起来真是让人不寒而栗,然而今天不同了,你看我骑坐在桐木制作的秧马上,两只脚像马蹄,移动起来灵活得像水鸟……对于这个神奇的农具,楼璹当然要在《耕织图》中谈到,他在配诗中说:必须大力推行秧马,以减轻农民的劳动强度。

总体看来,整卷《耕织图》形象地展现了近50个农业劳动场面、60多种农具、十几种生活器具的操作,而这些图景都配有优美的诗文,雅俗共赏,举世无双。

韩彦直：
名将之后　柑橘专家

曾经看到一篇写新郑大枣的报道，里面提到了"铁杆庄稼"——木本粮。木本粮以红枣、核桃、板栗等为代表，因其含有丰富的营养及人体所必需的多种微量元素，越来越受到人们的喜爱。而与木本粮相对应的草本粮，指的就是小麦、玉米、水稻了。

由此可以看出，木本粮主要指的是水果、干果类食物，这么说来，柑橘也在其中。据说，这种维生素含量极丰富的水果有很强的变异性，通俗地讲就是换了地方长不好，味道嘛，就更不用提了。那么，味道最美、最地道的柑橘之乡在哪儿呢？别急，这里介绍一位柑橘专家给你认识，世界上最早的柑橘专书——《橘录》就是他在柑橘之乡写成的。

人物档案

韩彦直（1131~?），字子温，陕西延安府肤施县（今陕西延安）人，南宋名将韩世忠之子。他在温州知州任上所著的《橘录》，是世界上最早的柑橘专书。

故事一：帮岳飞追财产

这个柑橘专家如果说只是个研究学问的人倒也罢了，可他偏偏出身将门。他，就是抗金名将韩世忠、梁红玉夫妇的儿子韩彦直。

看出身，听名字，大家一定猜到了，这个韩彦直肯定是个直性子。对喽，韩彦直充分继承了父母刚正不阿的性格，而且青出于蓝而胜于蓝。

公元1176年，韩彦直奉命出使金国，刚入境就受到金国大臣蒲察的刁难。韩彦直没有被蒲察的淫威吓倒，而是针锋相对地驳斥蒲察，使其理屈词穷，最终对他以礼相待。

当岳飞被卖国奸相秦桧诬陷时，满朝文武大臣没有一人敢出来说话，唯有韩彦直的父亲韩世忠置生死于不顾，愤怒地质问秦桧："为什么要将功勋卓著的岳飞投进大牢？”秦桧回答说：“岳飞的儿子岳云写信给张宪，鼓动谋反。虽然这封信的详细内容现在不得而知，但此事‘莫须有’！”听了秦桧的答复，韩世忠怒火中烧，冷笑着说：“‘莫须有’三字怎么能使天下人心服口服呢？”父亲怒斥秦桧的情形深深影响着韩彦直。岳飞被投降派杀害后，财产被人霸占，韩彦直先利用合适的时机，用妥当的话语建议皇帝表彰了靖康以来的爱国人士，然后又想方设法追回了原本属于岳飞的财产。

故事二：知州“大夫”

公元1178年，韩彦直来到了浙江温州，这回不是管军粮，也不是当使节，而是当父母官。

温州是个好地方，尤其是那里的柑橘，不仅品种多，而且个大味甜。粗中有细的韩彦直一到这儿就注意到了这一点。于是，他利用一切可以利用的机会，与柑橘亲密接触。

一次，韩彦直外出巡视。当走到一处柑橘园时，他突然让随从们停了下来。他指着园中的柑橘说：“这里的柑橘生病了，如果不赶紧治疗的话，用不了多久，这树就要成灶下的柴火。”

随从们半信半疑，觉得知州大人是故弄玄虚。韩彦直看出了随从们的心思，便说：“不要怀疑，你们快去把园主叫来。”

过了一会儿，园主来了。他对韩彦直说：“我这些柑橘，不知怎么回事，还没到秋天，就一个劲儿地往下掉叶子，没掉的也开始变色。”

韩彦直说：“据我看，你的柑橘树遭虫子了，得赶紧想法子治虫，这样才能保住柑橘园。”

韩彦直用手指着身边的一棵柑橘树又说：“你们瞧，这树干上的小洞里便有虫子，医治的方法也很简单，先设法把虫子引出来，然后用小木塞将小洞填死就行了。”

园主听后忙说：“我只知道我的柑橘树得了病，却不清楚得了什么病，你说的好像有道理，我就先照你开的方子治一治吧。”

两个月后，韩彦直又来到这个柑橘园。看着郁郁葱葱的柑橘树和金黄色的柑橘，他乐极了。这时，园主走了过来。他一眼认出了韩彦直，忙上前道谢：“多亏你救了我的柑橘园，太谢谢了。”

韩彦直笑着说：“不用谢，只要柑橘树病好了，我比什么都高兴。”

从此以后，知州“大夫”的美名就在温州传开了，知州大人爱橘也成了温州家喻户晓的事。

曾安止：
“跟风”著《禾谱》 屠龙心向田

唯有牡丹真国色，花开时节动京城。现在洛阳每年都会举办牡丹花会，而在宋朝，牡丹之类的观赏植物是被纳入“农家者流”的。当时，士人之中兴起了一股写作谱录的风气，如欧阳修的《洛阳牡丹记》、蔡襄的《茶录》等。而就在这一派花果情调中，农业生产研究却门庭冷落，面对此，江西彭泽县令曾安止皱紧了眉头，他在书房中踱来踱去，已经好几天了。

曾县令在愁什么呢？

曾县令在想让人民重视农业的法子。

在他心目中，农者乃政之所先，所以他要酝酿一个大策划，将自己所知的水稻知识整理出来，也写成谱录，既然市场上流行这种体裁，索性也赶一回潮流。名字嘛，就叫《禾谱》。

人物档案

曾安止（1048~1098），字移忠，号屠龙翁，江西泰和（今江西泰和县）人，北宋农学家。他著的《禾谱》为我国古代第一部水稻品种专著。南宋中期，其侄孙曾之谨撰《农器谱》，弥补了《禾谱》之缺。

彭泽县令酷爱农业

这个曾安止，是泰和县澄江镇文溪村人，考取进士后先任丰城县主簿，后来又到彭泽县当县令。他这个县太爷当得可不轻松，白天，除了料理公务，就是去农田，遇到农忙，还要帮助人力单薄的农家劳作，且从不在农家吃饭。有一天，他劳作到了傍晚，老乡硬要留他吃顿饭，为不扫兴，他只好留下来。饭前，他掏出一袋干粮送给该户农家。那家人非常惊讶，原来，堂堂县令只带了一些薯片、两块烧饼充饥。

生活上的清贫并不代表精神上的清贫，凭着对农业的酷爱，曾县令快乐地为心中定下的目标忙碌着：到农田观察作物生长，同老农攀谈，走访农家收集资料……晚上，他坐在油灯下，参阅前人成果，整理当天的笔记，常常到半夜三更，有时还熬通宵。

天长日久，曾县令的身体越来越差，视力也越来越差，但他对水稻研究的兴致却越来越高。这样一来，公务和事业的矛盾，加上身体的不支，一个令人匪夷所思的想法产生了。

一心向田弃官归家

曾安止的这个想法是：弃官治学，专攻农事。

和大多数知识分子一样，曾安止身上有股子倔劲，想法一有，他就要马上付诸行动，根本不管上级给你多么大的诱惑。什么诱惑？晋升江州司马！你猜他是怎么拒绝朝廷的？留下一封“辞职信”，拂袖走人。曾安止的辞职信是这么写的：拂袖而去不为官，宦海几见心向田；问谁摘斗摩霄外，中有屠龙学前贤。

回到泰和后，曾安止潜心研究农业。他访农民、走田间，对繁多的水稻品名、来源、性状以及播种、插秧、收割的时间和耕作方法等，进行了详细的调查研究。

有一天，曾安止到南山垅观看庄稼，遇雨，在一酒店小酌。他边喝边品味，觉得这酒店的酒，味美柔和，浓而不烈，醇度适中；再饮，更觉浑身清爽，香甜久留。他感到新奇，便问酒家：“此酒是何米酿成的？”店家回答说是当地产的一种野禾子米。曾安止听了大喜，连忙让店家撮了一把米来，只见这米颗粒修长，白得出奇。之后，他经过几个春秋的除杂选优，终于培育出了更优质的大米。

就这样，曾安止不断积累资料，然后分类筛选整理出泰和及吉州地区50多个水稻品种的名称，特征，来源，播种、插秧、收割的时间，栽培技术，管理方法等，写成了著名的《禾谱》。《禾谱》问世后，有力地促进了江南地区的农业发展，正如《禾谱》序言中所说：“漕台岁贡百万斛，调之吉者十常六七。”

苏东坡的建议

大文豪苏东坡，骨子里就是一个农事老把式，他的盛名总是同民谣如影随形。

苏东坡贬谪黄州时，在武昌见到了农民插秧时所骑的一种工具——秧马。这个耕田夫一下来了兴趣，详加询问，了然于心，并作《秧马歌》以记其事。

北宋绍圣元年（1094年）八月，59岁的苏东坡在贬赴惠州途中，舟泊庐陵，曾安止闻讯，连忙拿着自己所编撰的《禾谱》向他请教。苏东坡看后说：文既温雅，事亦翔实，惜其所缺，不谱农器也。在提到此书未谱农具是一大缺憾的同时，苏东坡特意讲到了秧马，他说：“用秧马插秧，优点明显。未用秧马之前，农民弯腰拨秧插秧，不仅腰酸腿软，而且拔秧之后，要在脚跟上打洗秧泥，时间一长，不少农民的小腿、脚跟就会溃烂，苦不堪言。秧马解决了全部问题，农民坐在秧马上拔秧、洗秧、插秧十分方便。曾大人，生产工具的改良应进步，这有益于种植技术的提高呀！”说完，他将自己作的《秧马歌》一首附于《禾谱》之末。

苏东坡的建议让曾安止激动不已，怎奈自己眼睛失明，已没有能力写作，他只能在心中默默构思，个中滋味，怎一个苦字了得！公元1098年，带着深深的遗憾，曾安止在家乡泰和，那个地产嘉禾、和气所在的地方，永远地闭上了眼睛。

百年后的弥补

时间过得真快，转眼一个世纪过去，朝代也更替为南宋。泰和曾家又出了一位农业新星——曾之谨。

受祖父的影响，曾之谨深爱农事，他将《禾谱》之缺牢牢地记在了心里。巧的是，他入仕后被分到了耒阳当县令。耒阳，那可是中国农业始祖神农氏创耒的地方哪！下面，我就给大家简要介绍一下这方有着悠久农耕文化传统的热土。

耒阳地处湖南南部，是稻作农业较为发达的地区。考古发掘证实，包括耒阳在内的湘南地区，有可能是中国稻作农业最早的发源地之一。道县玉蟾岩就曾出土过一种距今14000年，兼有野、籼、粳综合特征的稻谷，据专家考证，它属于从普通野稻向栽培初期演化的最原始的古栽培稻类型。

湘南一带的稻作农业，不仅起源早，而且发展快。很久以前，这里的稻农就掌握了温泉种稻技术，并成功地实现了一岁三熟。

到这么一个地方任职，曾之谨当然知道是续写《禾谱》的绝佳机会，就这样，中国历史上第一部真正意义上的农具专著——《农器谱》诞生了，而《农器谱》的第一篇便是《耒耜》。因为《农器谱》是从《禾谱》中发展出来的，所以是以水稻栽培农具为主要对象的，当然一些大田农具也有所涉及。

实现了祖父的遗愿，曾之谨并不满足，他要将这份弥补工作尽可能做得完美。于是，他将《禾谱》和《农器谱》寄给了陆游。陆游也是一个大诗人，他的评价是：“欧阳公谱西都花，蔡公亦记北苑茶。农功最大置不录，如弃六艺崇百家。曾侯奋笔谱多稼，儋州读罢深咨嗟。一篇秧马传海内，农器名数方萌芽。令君继之笔何健？古今一一辨等差。我今八十归抱耒，两编入手喜莫涯。神农之学未可废，坐使末俗惭浮华。”（《耒阳令曾君寄禾谱农器谱二书求诗》）

憾哉！幸哉！

王　祯：东鲁名儒　多才多艺

人物档案

王祯（1271~1368），字伯善，山东东平（今山东东平）人，元代农学、农业机械学家，大约在元成宗大德四年（1300年）著成《农书》，《农书》末并附撰《造活字印书法》。

公元1260年，忽必烈即位，诏告天下：国以民为本，民以衣食为本，衣食以农桑为本。一时间，写作农书之风席卷华夏大地，在这累累的农书硕果中，最有名的就是那本博古通今兼论南北的农学巨著——王祯所著《农书》。今天我们就以它为核心，走近那个继氾胜之之后、有着"东鲁名儒"美誉的农学大家王祯。

兴学养士　风靡东平

山东东平，王祯的家乡，一个封建文人荟萃的地方，早在窝阔台时代，万户严实就曾经在东平兴学养士。当时的名士，如李昶、徐士隆、李谦等都曾在东平设馆授徒，培养了一批为封建王朝服务的人才，著名的有徐琰、王磐、孟祺等人。其中，王磐、孟祺不仅是一代名儒，而且熟悉农业和农学，孟祺就曾参与《农桑辑要》的编撰工作。

如果说忽必烈劝助农耕、发展生产的重农政策是王祯著《农书》的首要因素的话，那么，王磐、孟祺等人就是引导王祯走上农学研究之路的启蒙者。据说，王祯很小的时候就开始翻阅《农桑辑要》了，遇到搞不懂的地方，他就往田间跑，留心观察，到有经验的老农家中，打破砂锅问到底，总之，不弄明白誓不罢休。

王祯的这股子倔劲儿不仅让他积累了大量的知识，更重要的是给他赢得了惠民有为的口碑。公元1295年，王祯到安徽旌德县任县令。赴任途中，他看到一种水转翻车，可以把水提灌到山地里。王祯对这个东西非常感兴趣,但急于赶路,就未多问,只是在脑子里记下了它的模样。

谁料到了旌德县王祯才发现,那里多山,耕地大部分是山地,正想着把水转翻车的图样画出来,恰巧旱灾来了,农民心急如焚。"咯嘀——咯嘀——"王祯开动脑筋,一点点画出了水转翻车的图样,木工、铁匠赶制出来后,他又马不停蹄地教农民使用。就这样,在王祯一环套一环的组织下,旌德县几万亩山地禾苗得救了。

南北游宦　劝农知农

刻行王祯《农书》诏书抄白中说,王祯乃东鲁名儒,年高博学,南北游宦,涉历有年。

的确,王祯博闻强识,涉览农书无数,兼及诸子、医学、笔记杂录、诗赋散文,称其"东鲁名儒",并非虚语。至于说他南北游宦,王祯在北方的足迹遍及燕赵、齐鲁、秦晋、江淮等地,这与他曾较长时间淹留元大都候官和做承事郎有极为密切的关系;在南方,他在旌德县和信州永丰县任县令期间遍游江浙、湖湘、皖赣等地。

知道县令的职责是什么吗?县令的职责就是负责该县的农业生产和赋税徭役。元代县令的官俸是很低的,权势也处于有史以来的最低谷。

王祯在县令任内,为人淡泊,实行德政,颇有政声。他遵循古先哲的教训,躬任民事,教民耕织,至纤至悉。

王祯认为,地方官吏的重要任务之一就是劝农,而劝农必须身体力行,不独教之以为农之方与器,又能不扰而安全之,使民心驯而日化之。他留心农事,并经常深入农业生产实际调查研究,是一位重农、亲农又务农的地方官。这样的勤奋积累为他劝课农桑以及晚年编写《农书》创造了良好的条件。

王祯还积极提倡农桑,奖励垦耕,教民以方,示民以器。由于对小农经济的脆弱性和小农们的保守性有着深刻的理解,所以他坚持不用强硬的行政命令,而是先示范,后推广。

由劝农而知农,王祯目睹了农民的力瘁赋重,自愧素餐,深深地同情野夫田妇,所以对那些只知鱼肉百姓的贪官污吏进行了无情的抨击。他在《绵轴诗》中写道:"待得功成付机杼,不知谁解衣新绸。"而透过其《牛转翻车诗》中"日日车头踏万回,重劳人力亦堪哀"的诗句,我们分明看到了一颗拳拳恤民之心。

东鲁名儒　多才多艺

由劝农而知农,由知农而钻农,王祯的县令生涯过得有声有色:到田间地头发表农学演讲,在家中挑灯编写《农书》,处处留心减轻农民劳动强度、提高生产效率的法子……在乡土味伴着书香味的生活中,聪明的王祯发现:科学是相通的,更是相互促进的。于是,围绕着农业生产这个中心,一个又一个灵感在他脑瓜中产生了,他在古代传统翻车、筒车的基础上发明了牛转翻车、水转翻车、水转筒车、水转高车。牛转翻车用牛力代替人力，一牛拉动卧轮，卧轮拨动竖轮，竖轮贯轴转动龙骨板。水转翻车是牛转翻车的进一步改良。水转筒车适用于田高水低的地方，用二立轮，一轮坐在水中，一轮在岸上，筒索环绕二轮，用人力或畜力转动上轮，则筒索自下兜水灌溉，有条件的地方，这种机械还可以用水力发动，则成为水转高车。

王祯又发明了水转连磨、水击面罗和水轮三事。水转连磨这种机械装置有一个立式大水轮，利用急流冲击带动轴上的三个齿轮，每一个齿轮又各带动三个盘磨，一推九磨，轮下还可以兼装几个水碓，用来舂米。天旱的时候在大轮一周设置水筒，作为水车昼夜灌溉，是一机多用的设计。水击面罗是用水力筛面的机械，其传动结构和装置同水排相同，功效甚高。水轮三事兼具磨面、砻稻、碾米三种功能，是万能机械和联合机械的雏形。

王祯还发明了木活字印书法和转轮排字盘。木活字是在毕昇胶泥活字印刷术基础上的试验，先在木板上刻好字，然后用小锯分割带字的木板，经过修整，排印时用竹片和木楔把木活字卡紧，印刷后拆下来，留待后用。木活字在拣字过程中，人往来穿梭于数万个字盘间很不方便，王祯仔细观察了一段时间后，设计制作了转轮排字盘。按音韵顺序排列木活字的轮盘，叫“韵轮”；排列常用语助词的轮盘，叫“杂字轮”。拣字的人坐在两轮之间，左右两手分别转动轮盘以人寻字，从而摒弃了过去以字就人的操作方法，大大提高了工作效率。

一部《农书》 两袖清风

有道是十年磨一剑，王祯竭尽全力而为的《农书》也用了10年左右的时间。为写这部书，为了实现自己以农治县、以农兴县、以农富县的梦想，王祯兴建了一系列惠民工程，受到领导褒奖，百姓拥戴。人怕出名猪怕壮，一些妒贤之辈不仅诋毁《农书》，而且开始暗查王祯是否以公肥私。对这些人的这种行为，最有效的应对法子就是：让事实说话。

先看这部博古通今、兼论南北的巨著。《农书》约14万字，包括《农桑通诀》、《百谷谱》、《农器图谱》三部分，附有杂录二目。

《农桑通诀》具有农业通论的性质，首先叙述了农业起源，然后就是本论16篇，另外还穿插讲农业经营、农业政策。《百谷谱》是作物栽培各论，分门别类介绍了80多种粮食作物和经济作物的起源，性能，栽培、管理、收获、贮藏、加工利用方法等内容。《农器图谱》是全书最有特色和价值的部分，共有306幅工致的写生图，每幅图后配以诗赋韵文，描写了各种器具的构造、来源、演变和用法，可谓绘“图”写“谱”，华实兼资。

再说王祯的“惠民工程”。以他主政旌德县时为例，他先后集资重修县城永安桥（又名淳源桥，今称上市桥），整修城中道路、修建城门；杜绝春秋社祭官员乡绅趁机打秋风，增加百姓负担的流弊；拿出自己的俸禄，将赡养孤寡老人的居养院扩建为养济院，规定生给衣粮薪炭，死则并给葬具……大德四年（1300年），王祯调任永丰县令时，随带10余辆手推车。一些妒贤之辈挟嫌暗查，始知车上所载乃棉种、桑苗和印刷工具，其私囊仍如去旌德县时一样：一卷行李，两袖清风！

鲁明善：维汉合璧重农桑

人物档案

鲁明善(生卒年不详)，名铁柱，高昌(今新疆吐鲁番东约20余里的哈拉和卓堡)人，元代著名农学家。他编写了《农桑衣食撮要》(又名《农桑撮要》)一书。该书采用月令体裁，根据季节、物候，将一年中的农事活动逐月进行编排，书中有关新疆农牧业生产的记述填补了以往农书的空白。

新鲜的葡萄上市了，看着它那晶莹剔透的模样，思绪不由得飞往那个让人沉醉的地方——吐鲁番：吐鲁番的葡萄熟了，阿娜尔罕的心儿醉了，阿娜尔罕的心儿醉了……

翻译家的儿子祖籍吐鲁番

就是这个遥远而美丽的地方，走出了一位著名的农学家。提起他的名字，还有一个鲜为人知的典故呢。

时光回到古老的元朝，这是个由游牧民族用武力侵略建立起来的大帝国。元世祖忽必烈定都北京后，在吐鲁番，古时的西域高昌，通晓印度语、汉语、藏语等多种语言文字的著名翻译家伽鲁纳答思带上家小启程赴京，去当皇太子的老师，而且还要负责翻译佛经。

几经风雨，伽鲁纳答思历元世祖、元成宗、元武宗、元仁宗四朝，官至开府仪同三司大司徒。本文主人公，伽鲁纳答思的儿子，长期随其居住在汉地，深受儒家文化影响，遂取名为鲁明善。

这位出身于书香世家兼重臣之家的维吾尔族男士，自幼随父习读曾子、子思的书，所以汉文化造诣极深，这从他的力作《农桑衣食撮要》中可以看出："正月……移栽诸色果木树。古人云：移树无时，莫教树知，多留宿土，记取南枝。""种麻。古人云：十耕萝卜九种麻。""二月。月内三卯。有则宜豆，无则早种禾。""三月。月内三卯。有则宜豆，无则宜麻麦。此农家经验之言也。""四月……初八日雨下则无麦，十三日亦然。此老农有验之言。""八月。种大麦小麦。田宜熟耕犁。古人云：无灰不种麦，两经社日佳。"难能可贵的是，平日喜抚琴弄书的他，除《农桑衣食撮要》外，还撰有《琴谱》8卷。

中原从政所到之处必劝农

鲁明善的一生是在元朝后期度过的。

蒙古贵族在征服和统治的过程中，一方面破坏了周围的农业文明，一方面又为先进的农业文明所同化。蒙古族进入中原以后，占农田为牧场，甚至采取消灭汉人的办法来扩展牧场。忽必烈定都北京后，开始认识到农业生产的重要性，中统元年（1260年）设劝农官，次年设劝农司，至元七年（1270年）设司农司，专掌农桑水利，同年又颁布农桑之制14条。司农司成立以后，搜集整理并摘录历代农书，编成《农桑辑要》，于至元十年（1273年）颁行天下。

受父辈的恩荫，加上自身的努力，鲁明善任过很多官职，正所谓执笔抽简于天子左右，亦为外宰相属，连领六郡，五为监，一为守。虽然每次任期都不长，但政绩显赫，声震朝野。他继承了周秦以来的重农思想，每到一处或讲学劝农，或复葺农桑为书以教人，或修农书，亲劝耕稼。《农桑衣食撮要》就是在延祐元年（1314年）他出监安丰路时撰写并刊刻的，以后又在至顺元年（1330年）再刊于学宫。

《农桑衣食撮要》维汉合璧

和《农桑辑要》不同，《农桑衣食撮要》是一本通俗易懂的农业技术推广资料，包括农、林、牧、副、渔各个方面，今天的学者称其为“农村小百科全书”。它采用了古已有之的月令体，因此，明代有人将此书改名为《养民月宜》。

鲁明善为了写这本书，经常与同事们一起商量，还访问了许多有经验的老人，使得此书中有许多新经验、新技术。

值得注意的是，作为维吾尔族农学家，鲁明善还特别在书中介绍了一些少数民族的生产技术。从这个意义上讲，鲁明善做了一件促进民族科学交流的大好事，说他的《农桑衣食撮要》维汉合璧名副其实。

下面，咱们就来了解一下这本维汉合璧的“农业技术食粮”。

（一）关于小麦的播种期、播种量

此技术《齐民要术》等农书中虽有记载，但时过境迁已不适用，而当时的《农桑辑要》中没有记载。鲁明善便在书中补上了这条，他在“八月。种大麦小麦”一项中写道：“白露节后逢上戊日，每亩种子三升；中戊日，每亩种子五升；下戊日，每亩种子七升。”把播种量与播种期联系起来，播种期越早，播种量越小。

（二）关于木瓜的移栽期和树木移栽

鲁明善一反春间移栽的陈规，提出“秋社前后移栽之，次年便结子，胜如春间栽”，把栽木瓜安排在农历八月进行。

关于树木移栽，长期以来流传的农谚是："移树无时，莫教树知，多留宿土，记取南枝。"鲁明善在继承的基础之上加以发挥，提出："宜宽深开掘，用少粪水和之成泥浆。根有宿土者，栽于泥中，候水吃定，次日方用土覆盖。根无宿土者，深栽于泥中，轻提起树根与地平，则根舒畅，易得活，三四日后方可用水浇灌。上半月移栽则多实。宜爱护，勿令动摇。"为了提高果树产量，鲁明善还记载了"骟树"法："树芽未生之时，于根旁掘土，须要宽深，寻纂心钉地根截去，留四边乱根勿动，却用土覆盖，筑令实，则结果肥大，胜插接者，谓之骟树。"

(三) 关于蔬菜栽培

蔬菜栽培方面，鲁明善提出了类似于现代温室催芽的阳床育苗移植法。

(四) 关于种稻

鲁明善对浸稻种和插稻秧等作了总结，这标志着传统水稻栽培技术的成熟。以插稻秧为例，他在书中写道："拔秧时，轻手拔出，就水洗根去泥，约八九十根作一小束，却于犁熟水田内插栽。每四五根为一丛，约离五六寸插一丛。脚不宜频挪，舒手只插六丛，却挪一遍；再插六丛，再挪一遍。逐旋插去，务要窠行整直。"这种插秧方法到现在也没有任何改动。

(五) 关于西域的生产技术

鲁明善对西域农牧业及园艺生产十分了解。在书中，他对西域各族人民的生产经验进行了详细整理，如栽种葡萄、种植棉花、酿造酥酒、晾晒干酪、选择羊种等，都有切实的记述。

农桑，衣食之本。这本凝聚着维汉两族人民智慧结晶的农书，除了闪耀着农本思想的光芒外，更有一生之计在于勤、居家以勤俭为先的思想，激励着一代又一代华夏儿女积极生产、勤俭持家。

朱　橚：
《救荒本草》流芳百世

时下，人们都在崇尚健康低碳的生活方式，野菜成了餐桌上最时兴的佳肴。那么，你是一位绿色食品的追随者吗？你想到郊外去寻找一些意外收获吗？我想答案一定是肯定的。OK！出发之前，我给大家推荐一本“辨菜指南”——《救荒本草》。

说起这本书呀，可是大有来头，它是明太祖朱元璋的第五个儿子所写的。咱们这一读，可也沾上皇族气儿了。怎么样，锁定目标了吗？是萱草、桔梗，还是蒲公英？

人物档案

朱橚（1361~1425），明朝开国皇帝明太祖朱元璋的第五个儿子，明成祖朱棣的胞弟，方剂学、植物学家。洪武三年（1370年），他被封为吴王，驻守凤阳。洪武十一年（1378年），他被改封为周王，封地开封。他所著的诸多书籍中，《救荒本草》成就最突出。

明朝皇子　忧国忧民

600年前，明朝有一位忧国忧民的皇子，在他自己的花园里遍植野草，口尝滋味，历时数年，写成了一部指导百姓辨别可食植物从而度过荒年的经典著作——《救荒本草》。

这位皇子叫朱橚，他的忧国忧民除了因为自己对医药感兴趣外，更重要的是他和他的四哥“靖难之役”的胜利者明成祖朱棣一样，是一个很有才华而不满当时政治的亲王，时有“异谋”。他曾有三次“出轨”行为，也就是在“出轨”被流放的时候，他目睹了哀鸿遍野、民不聊生的惨状，这勾起了他心底的“救死扶伤”情结。

政治同兴趣碰撞，就会产生不同寻常的“火花”。这话在朱橚的身上应验了。

朱橚是咋做的呢？这得先了解他生活的时代背景。

元代民族压迫极其严重，到明初战乱刚停时，人民尚未得到休养生息，生活更苦，吃糠咽菜是家常便饭。也就是说，野生植物是明初人们的主要食物。

为了教会人民辨别野生植物是否可食，朱橚先是组织本府良医李佰等编写了《袖珍方》一书，之后又组织了一批学有专长的学者，以刘醇、滕硕、李恒、瞿佑等作为骨干，召集来一些技法高明的画工和其他方面的辅助人员，组成了一个研究创作班，同时修建专门的植物园，种植从民间调查得知的各种野生可食植物，进行观察试验。朱橚作为这项科研工作的领导者和参与者，在工作中总是身先士卒，甚至在流放时，他也从未间断过对有关方剂和救荒植物的研究。

封藩开封　慈母严教

作为不是太子的皇子，命运是难料的。朱橚当然也不例外。洪武十一年(1378年)，他被改封为周王，封地为开封。

要说朱橚不招谁不惹谁，好好呆在开封周王府里做亲王没什么不好，可他侄子建文帝朱允炆不同意，要削藩；他哥哥朱棣更不同意，要取建文帝而代之。没办法，朱橚想不蹚这浑水都不行。

好在朱橚有位好母亲马皇后，她对朱橚的管教特别严，这其中还有个典故。朱橚小时候十分顽劣，在太学读书时，唆使诸皇子同他一起给老师李希颜捣乱，李希颜发火时一不小心用笔管戳破了朱橚的额角。朱橚哭着到朱元璋那儿告状。一个儒士居然敢打皇子，朱元璋心疼地摸着儿子的额头，怒不可遏。刚好马皇后在边上，她跟朱元璋说："小孩子调皮，老师管教没什么错，你怎么反而发火了？"就这样，朱元璋非但没处分李希颜，反而将他升了官。从此，马皇后对这个淘气的小儿子格外用心。

朱橚封藩开封时，马皇后不放心，专派江贵妃同去，还赠给她一根棍子和一件自己常穿的衣服，并对她说："大王若有什么过错，你就穿上我的衣服，拿着棍子打他。如果他还是倔强的话，马上报告给我，我决不轻饶！"朱橚听了这话，再也不敢胡作非为了。

正是在母亲这种严厉的教育下，朱橚对自己的命运虽心有不甘，但在落难时始终没有放弃，而是将心底的抱负转到了科学研究上。历时4年的"靖难之役"以哥哥朱棣胜利告终后，被贬为庶人的朱橚爵位复得，得以重返封地开封。但是，新一轮的苦楚又向他袭来：朱棣自己以藩王身份当了皇帝，名义上把被建文帝所废的藩王都恢复了名号，实际上却和建文帝一样非常忌惮藩王的军事实力，更何况开封还有座聚集着王气的繁塔。

丑在脸上　苦在心里

朱橚内心的苦就像他的《救荒本草》中介绍的苦瓜一样：苦以味名。

朱棣对朱橚这个弟弟本来就怀有戒心，加之惧繁塔王气，害怕繁塔瑞兆应在周王身上，自己的帝位有所动摇，就下令将繁塔削掉四层，谓之铲王气；把周王府的围墙扒掉，谓之剥龙鳞；把周王府门封死，谓之锁龙头；把府中大殿拆掉，谓之挖龙心。你说，朱橚心中能不苦吗？苦虽苦，历经磨难的朱橚变聪明了，他开始低调政治，高调科研。《救荒本草》就在此时诞生了。其中，他特别描述了苦瓜。苦瓜丑是丑，名声却不错，有“君子菜”之名。这是因为将它和其他菜一起煮，它的苦味沾不到人家身上，犹如君子独善其身，而它的味道如苦口良药，性寒，可治中暑、痢疾等疾病。朱橚了解到的苦瓜吃法是只吃红瓤。可惜，想必那时候北方人都是这样吃的，真是白白浪费了最可食的瓜肉。

这里我们索性由苦瓜大胆地联想开去，一个皇族子弟如此喜爱苦瓜，品格真是高尚，有点君子的意思。听说朱元璋是个麻子，估计他的儿子也不是帅哥，所以从这点来看，这个教穷人如何辨别食用野菜的皇子倒和苦瓜有一两分相像。

如今，苦瓜早已告别野菜的范畴，加入了蔬菜的行列，特别是到了夏天，是一道很爽口的下火佳肴。正值夏天，正是吃苦瓜的好时候，听了朱橚的故事，相信你再吃的时候定会品出一种别样的味道。

《救荒本草》 流芳百世

趁着齿间留存的苦瓜余香，翻开《救荒本草》，你就走进了周王府的植物园。

到底是出自皇室贵族之手，这本书一看就是大手笔，描述一种植物，即附一插图，图文配合相当紧密。就形式而言，这本书还很有区域植物志的意味呢，特别是在植物描述方面，水平超高。我想，当年周王府的植物园中肯定热闹极了。每天早晨，专家们上班了，有的观察植物，有的绘图，有的记录，晚上下班前大家会集中在一起讨论，朱橚边听边沉思，不时提笔记下些什么……日复一日，年复一年，积累了大量资料和经验的朱橚著书立说、流芳百世的想法愈来愈强烈。永乐四年(1406年)，朱橚这本在本草学上别开生面的《救荒本草》一书正式刊行。

《救荒本草》全书两卷，共记述植物414种，其中2/3是以前的本草书中所没有记载过的。由于来自直接的观察，所以所描述的植物都抓住了主要特征，如花基数、叶脉、花序等。另外，在书中，朱橚还记载了一些新颖的消除某些食用植物毒性的方法。比如：基于经典本草书中豆可以解毒的说法，他想出用豆叶与有毒植物商陆同蒸以消其毒性的制备法；在讲述白屈菜的食用时，他别出心裁地设计了用细土与煮熟的植物体同浸，然后再淘洗以除去其中有毒物质的方法。难怪有人认为，近代植物化学领域中吸附分离法的应用始于《救荒本草》。

也正因将个人的发展方向定在了科学研究上，朱橚这一支皇族血脉书香飘逸，博学多才。朱橚自己也靠《救荒本草》达到了流芳百世的目的。

邝　璠：精编《耕织图》的便民知县

人物档案

邝璠（生卒年不详），字廷瑞，任丘（今河北任丘市）人，明弘治六年（1493年）进士，翌年任苏州府吴县（今江苏吴县）知县，官至瑞州（今江西高安市）太守，在吴县任知县期间著《便民图纂》。

桑葚熟了。在我的记忆里，那种紫红中的酸甜味道是属于童年的。那时，奶奶家的杏园中，零零星星地穿插着几棵桑树，据说还是野生的。但桑葚的味道着实好，所以一到5月，桑树下就成了孩子们的乐园，他们有的拿着钩子勾，有的蹦着摘，有的干脆爬到树上吃，不一会儿，嘴角都留下了一圈紫……童年是快乐的，但你可知道，在古时，在江南，采桑时节整个乡村都是欢乐的。我怎么知道的？还记得前不久咱们讲的楼琫的《耕织图》吗？“吴儿歌采桑，桑下青春深。邻里讲欢好，逊畔无欺侵。筠篮各自携，筠梯高倍寻。黄鹂饱紫椹，哑咤鸣绿阴。”（《织图二十四首·采桑》）顺着这幅图景，你就尽情地想象吧。我还知道，到了明朝，吴县来了一位名叫邝璠的县令，他把楼琫的《耕织图》整合精编后请名家重新临摹，并将配诗改为“吴歌”，使其更为实用，他也由此被人们称为“便民知县”。

将《耕织图》配入“吴歌”

邝璠是弘治七年（1494年）到吴县当知县的，他走马上任时，当地的“华林团”企图占领吴县，邝璠毫不畏惧，率领家人及随从人员，指挥城防兵，终于击退来犯者。随后，他又组织力量将“华林团”成员一网打尽。这第一把火一烧，邝璠在吴县人民心中的威望骤增。但邝璠知道，光有威望是不行的，他要带领吴县人民过上安居乐业的日子。

让百姓有饭吃、有衣穿没有捷径可走，只能重视农业生产。聪明的邝璠的重视法和别人不同，他是从细节入手，从百姓的日常生活入手，衣食住行，柴米油盐酱醋茶，他全都想到了，而且采用的全都是通俗易懂、切合实际的法子。

邝璠搜集整理出的这些法子包括农业生产技术知识、食品加工生产技术、简单医疗护理方法以及农家用具制造修理技艺等。这天，他下班回家，随手又翻看起《居家必用》(专门为士大夫而写的一本书)，一个念头突然产生：何不将搜集来的法子系统地编撰出来，弄成一个图文并茂、真正为农民服务的便民百科全书？邝璠把写书的目的定在了“便民”上，书名即为《便民图纂》。他每写一篇都要站在百姓的立场上去想一想，开篇图画配诗部分就是他“便民”的一个缩影。

他将《耕织图》配入便于吴人记忆运用的“吴歌”，如“下壅条”载：稻禾全靠粪浇根，豆饼河泥下得匀；要利还须着本做，多收还是本多人。咱们再回到本文开头说的那幅陌上采桑图景的姊妹图景《织图二十四首·织》，邝璠是这么改的：穿筘才完便上机，手擀梭子快如飞；早晨织到黄昏后，多不辛勤自得知。还有《织图二十四首·攀花》，邝璠改为：机上生花第一难，全凭巧手上头攀；近来挑出新花样，见一番时爱一番。

开香料调配法记载先河

民以食为天。为了将这吃饭大事写得有滋有味，邝璠俨然成了一个香料调配专家。据说《便民图纂》记载的包括大物料法、素食中物料法、省力物料法、一料百当法在内的调味香料的调配制作方式开了香料调配法的记载先河。

在邝璠记载的物料法中，官桂、良姜等香料都有所利用，最后或制为饼状，或制为丸状，或制为粉末状，或制为膏状，需要用的时候在食物中放入适量的这些复合调料，即可做成风味多样的食物。《便民图纂》还特别提到使用这些调料“出外尤便，甚便行厨”，由此可知调味香料在饮食中的利用已很普遍。

不仅如此，《便民图纂》还记载了脑麝香茶、百花香茶、天香汤(茶)、缩砂汤(茶)、熟梅汤(茶)、香橙汤(茶)的制作方法。香茶是茶叶与香料放在一起熏制而成的，香汤只用芳香花草制成，其中不含茶叶。在这里，香茶包括了香汤的概念。

熏制香茶的方法主要是用适量的茶叶与香料放在密封的容器中，一般窨三天以上，窨的时间越长，香味越浓。适合窨制茶叶的香料主要有具备浓厚香味的龙脑、麝香等。在缩砂汤(茶)、熟梅汤(茶)、香橙汤(茶)中，缩砂、熟梅、香橙只是主要香料，还有香附子、檀香、生姜等香料作为辅料，用特定的方法配制出的香汤(茶)外观、口感、质量与功能都堪称绝妙。

怎么样，看了邝璠的描述，你是不是味蕾大开？

扩充农事入“农家小百科辞典”

除了耕织和香料配制，邝璠的笔墨还触及到了食品制造、气象预测及食疗药方方面，“农家小百科辞典”名副其实。

《便民图纂》"制造类"专章有关于酒、醋、酱、乳制品、脯腊、腌渍、烹调、晒干鲜食物和食物贮藏等的论述，科技内容相当丰富，不但理清了元朝三部农书（即《农桑辑要》、王祯《农书》、《农桑衣食撮要》）的紊乱叙述，而且还作了许多补充，尤其是在食物贮藏方面创新尤甚。另外，该章还专门介绍了各种日用品的制造、使用、保管等知识，便民作用十分明显。值得一提的是，在《便民图纂》中，邝璠没有将瓜果、花木排斥在农业范围之外，特别记述了果树的栽培、嫁接、治虫、采果等方面的知识，对后世影响颇深。

《便民图纂》专设了"杂占类"专章，虽然内容有月占、祈禳、涓吉之类完全迷信的东西，但其中的气象预测确实很有用。从气象学的角度讲，它是气象学发展的基础知识，是科学研究的第一手资料。这些材料的来源有三：一是根据《田家五行》这部小书的内容整理的，二是邝璠根据自己的研究和经验补充的，三是收集的江南农民的实践经验。

再就是食疗药方，有250剂呢！分内科、外科、妇科和儿科，涉及风、寒、湿、暑等13个门类。和现在相比，这些药方太微不足道了，但在当时那种缺医少药、根本没有医疗设备的情况下，我想它宝贵的实用价值用雪中送炭来形容决不为过。另外还有一点，邝璠的这种食疗肯定是没有副作用的，就是有，也是极小的。

字里行间蕴涵道德劝化

邝璠用一颗关注民生的心履行着父母官的使命，弘治十五年（1502年），他倾注了无穷心血的《便民图纂》在苏州府刊印，引来赞声一片。

这里且来说说明朝的著书刊印风。明朝是我国历史上通俗类书印刷和应用十分发达的时期，这类书往往将日常生活所需的各个方面的知识分门别类地加以罗列呈现，以备人们查找和使用。有需求就有市场，著书风掀起了刊印潮，刊印潮反过来又加强了著书风。《便民图纂》就在这样合适的时机付诸刊印了，不"火"才怪！一时的"火"在情理之中，不易的是经久的"火"。《便民图纂》就是经久的"火"，因为它不仅出色地代表着明代"通书"这一类型的农书，更重要的是它除了劝农便民之外，字里行间还蕴涵着道德劝化。卷二"女红之图"中，邝璠用竹枝词和图画两种形式展现了养蚕—缫丝—织布—剪制的完整过程。在最后一个环节"剪制"中，竹枝词云：绢帛绫绸叠满箱，将来裁剪做衣裳；公婆身上齐完备，剩下方才做与郎。从中可以看出，道德劝化的意味十分明显。像这样的例子还有很多很多……

马一龙：
舞动“龙蛇”著《农说》

你知道“长三角最后一泓净水”在哪里吗？

你听过陈毅与张茜脍炙人口的革命爱情故事吗？

你了解“七彩五季”之旅吗？

OK！咱们再下一次江南，不仅能找寻到这些问题的答案，而且还能认识一位“舞龙人”。

可别误会，这个“舞龙人”可不是闹元宵中的舞龙者，也不是端午赛龙舟中的掌舵手，他就是“龙蛇体”书法的开创者，力田养母著《农说》的溧阳名士——马一龙。

人物档案

马一龙（1499~1571），字负图，号孟河，江苏溧阳（今江苏溧阳）人，明代著名农学家。他根据自己实际参加农事的经验，写下了《农说》一书。其书法纵逸潇洒，人称“龙蛇体”。

力田养母

和许多家道中落的官宦之家一样，马一龙家自从老爷马性鲁病故在云南寻甸知府任上后，便和贫寒结下了不解之缘。我想可能是马一龙的父亲为官太清廉，或者就是他当官的地方太荒蛮，要不然马一龙不会穷得一度依靠表兄接济度日。

想象终归是想象，现实是马一龙的身份从一位少爷变成了一位落魄公子。穷人家的孩子早当家，穷人家的孩子也最知“吃得苦中苦，方为人上人”。家境的败落激发了马一龙奋发图强的心，他的生活除了读书还是读书，饿了，吃口书桌上已经放凉的饭，累了，站起来大大地伸个懒腰，常常是到了深夜，书房的窗棂上依然映着他苦读的身影。

一分耕耘一分收获，明嘉靖二十六年（1547年），马一龙一举考中进士，被选授为南京国子监司业。

要说，十年苦读一朝中第得高兴才是，可马一龙走马上任后却怎么也高兴不起来。他牵挂家中的老母亲啊！

多年吃不饱、穿不暖的日子里,马老夫人苦苦地支撑着,儿子扬眉吐气了,马老夫人一下子泄了劲,这下病就来了,加上本就体弱,年事已高的她再也无法独立生活。怎么办?是辞官回乡照顾母亲,还是留在国子监司业的位置上当一天和尚撞一天钟(当官后马一龙发现,这个铁饭碗不好端,且离自己当初的设想太远了)?结果是,在忠孝面前,马一龙选择了孝。

回乡的路上,满目的荒地强烈地震撼着马一龙的心。一到家中,给母亲看过医生后,他找来了大量的农学资料,开始"力田养母",并把此作为自己的最大志愿。

原来,早在正统至天顺年间(1436~1464),溧阳地区的农民就因不堪繁重的赋税剥削,弃地外流或弃农经商,留下了大片荒芜的田地。马一龙实地调研后认为,这些荒地不仅可以耕作,而且可以致富。做官时锻炼的组织能力这下派上了用场,他先是招募农民垦荒,然后宣布垦荒的好处——采用分成制,即把田里收获的一半给佣工。劳动开始了,马一龙亲自和佣工一起往来于阡陌之间,耕种于荒田之上,日子过得忙碌而充实。

一年过去了,溧阳荒芜的土地全部得到开垦,更让人欣喜的是,还出乎意料地取得了好收成。

"龙蛇"狂舞

"成功了——成功了——"一种从未有过的快感涌上心头,最喜书法的马一龙舞起了因垦荒而搁置已久的笔。讲到此,索性加一点小插曲,说说马一龙的"龙蛇体"。

溧阳马氏一族人才辈出,人称"户户庭院有墨香",而马一龙的书法在溧阳更是家喻户晓。

马一龙的书法,以草书见长,世称"梅花体"、"龙蛇体"。所谓梅花体,是指结字如梅花,有大有小,有开有合,有俯有仰,千姿百态,布局上有疏有密,参差不齐,无行无列,自由自在。所谓龙蛇体,顾名思义,是指章法灵动,书写快速,有惊蛇入草之势。从马一龙传世的草书《千字文》石刻、《广惠庵碑》石刻等来看,马一龙的草书无疑师承张旭、怀素,又直追明代前贤祝枝山,且自出新意。其点画狂放不羁,结体大小悬殊,左顾右盼,章法无行无列,可谓满章云烟,表现出其粉碎和占有一切空间的强烈愿望。

狂草之难,诚如当代著名书法家沈鹏所言:需要胆识和才略。马一龙在京城翰林院时被委派参与泰山祭祀,曾留下墨宝"至此始奇"和"岩气象",从中可以感受到马一龙的情真意切。怎么样?要不要去泰山之巅看看,都说字如其人,我想你定会看到一个率性本真、激情满怀的马一龙。

言归正传。垦荒的成功让马一龙更加坚定了力田养母的信念,他开始总结垦荒中的经验和教训了。他发现什么了?噢,问题还不小,他发现佣工虽然做着农活,却不懂得农事道理。而且当时的大环境是,人们都不愿务农,都想用别的法子谋求商业利润,结果导致事倍功半,十室九空。对此,马一龙深感忧虑,但改变人的观念太难了。

为了排解心头的郁闷，马一龙开始根据自己的农事经验写《农说》，他想，用书去劝解人，用文字去宣传“农为治本，食乃民天”，肯定不会错。

进士之乡

听了马一龙力田养母的故事，欣赏了马一龙的“龙蛇”狂草，接下来咱们就来感受一下进士之乡“七彩五季”之旅吧。

蓝——天目湖之旅。载誉“长三角最后一泓净水”的天目湖湖水清澈，碧波粼粼，蓝天、白云、绿树、青山无不倒映其间，间或鱼跃鸟飞，带给你梦幻般的蓝色世界。

绿——南山竹海之旅。万亩翠竹随风摇曳，几湾溪水吟唱叮咚，南山竹海给人的印象就是纯粹的野趣，让人心情松弛，心绪安宁，恍若置身世外桃源。

黄——瓦屋山民间庙会之旅。瓦屋山森林公园位于溧阳、句容交界处，满眼青翠，古朴庄重。山上的宝藏禅寺已有1200多年的历史，历来香火旺盛，尤其每逢农历七月三十，四方香客云集，形成了颇具规模、热闹繁华的民间庙会。

红——新四军江南指挥部纪念馆之旅。溧阳竹箦镇水西村，一个很不起眼的小村，却在中国革命史上占据着极其重要的地位。1939年11月成立的新四军江南指挥部就坐落在此，当年陈毅、粟裕指挥新四军战士和当地群众一起写下了抗日战争史上浓墨重彩的一笔。陈毅与张茜在这里的革命爱情故事脍炙人口，粟裕的部分骨灰安放于此，溧阳新四军江南指挥部纪念馆成为人民群众心目中的革命圣地之一。

青——清官文化之旅。从汉代的崇侯，到明末抗清名将史可法，再到清朝的三朝元老史贻直，溧阳史氏一直是溧阳人杰地灵、官员为政清廉的象征。

橙——民俗风情村落之旅。起源于商代，在华东地区罕见的傩文化，在溧阳的乡间有着多种保存完好的表现形式。跳幡神、走马灯、跳五猖，这些古朴而富有神秘色彩的民俗文化，一直作为当地百姓祛除阴邪、祈盼福祉的仪式，加上激昂的太平军锣鼓，欢快的舞狮，充分展示了活泼、清新、爽朗的溧阳民俗风采。

紫——进士文化之旅。据统计，从唐代到清代，溧阳共出过173名进士，以元代状元普颜不花，清代状元马世俊，三朝元老史贻直，农学家马一龙，榜眼探花父子任兰枝、任端书等为个中翘楚，因此溧阳被称作“进士之乡”，民间重学风气极盛，溧阳学子无不以他们为楷模，勤学苦读，为国效力。

溧阳风光秀丽，瓦屋山胜境的清静，天目湖湖水的清冽，南山竹海的清凉，天目湖啤酒的清爽，溧阳农家菜的清口、茶叶的清雅，仿佛孕育出春夏秋冬以外的另一个“清新季节”。听到这里，你明白“七彩五季”的来历了吧？

著就《农说》

马一龙的《农说》就诞生在这个美丽富饶的地方，篇幅不大，多为理性内容。好，我们就挑点主要的来读一读。

（一）"畜阳"说

根据"阳主发生，阴主敛息"的原理，马一龙提出了"畜阳"说，认为"繁殖之道，唯欲阳含土中，运而不息；阴乘其外，谨毖而不出"。为了畜阳，他提出一项整地措施，即整地的早晚，应做到："冬耕宜早，春耕宜迟。云早，其在冬至之前；云迟，其在春分之后。"对整地的深浅，他要求地势高的田宜深，地势低的田宜浅，"九寸为深，三寸为浅"，"深以接其生气，浅以就其天阳"。在整地的质量方面，他不仅要求"翻抄数过"，使"田无不耕之土，则土无不毛之病"，消灭"缩科"现象，而且要求"细熟平整"，"旋抄旋耙，旋耙旋莳"。

（二）防"疯长"

根据阴阳辩证原理，马一龙还提出了防止作物"疯长"的办法，他说："今有上农，土地饶，粪多而力勤，其苗勃然兴之矣。其后徒有美颖而无实粟……此正不知抑损其过而精泆者耳。其法何？以断其浮根，剪其附叶，去田中积污以燥裂其肤理则抑矣。"这种抑制根系和叶片增长从而防止作物徒长的办法今天仍在使用，但这仅是治标。为此，马一龙又进一步提出了固本的办法。

马一龙说："草木之生，其命在土，生成化变，不离土气。"在此之前，人们就认识到"土敝则草木不长，气衰则生物不遂"。当土敝气衰发生之时，人们一般都采用增施追肥的办法来补救，用马一龙的话说，即"将衰而沃之，助其力也"。然而，"滋其衰者，过滋或至于不能胜而病矣"，也就是说追肥的多少很难把握。因此，马一龙提出了"滋源"、"固本"的办法，从根本上来防止徒长的发生。他说："沃莫妙于滋源，壮须求其固本。"滋源即强调使用基肥。"固本者要令其根深入土中。法：在禾苗初旺之时，断去浮面丝根，略燥根下土皮，俾顶根直生向下，则根深而气壮，可以任其土力之发生，实颖实栗矣。"这实际上是对传统的耘田烤田技术作了理论上的说明。

（三）"耘荡"说

马一龙集中讲述了水稻栽培，特别是水稻移栽和田间管理。他认为水稻移栽的意义在于"二土之气，交并于一苗，生气积盛矣"。移栽时要求纵横成列，以便于耘荡。密度应根据土壤的肥瘠来确定，肥田密植要合理，瘠田不可以密植，一般每亩在7200棵到10000棵。他认为耘荡要早，以防患于未然，"与其滋蔓而难图，孰若先务予决去"。他还提出了看苗色耘荡说："多苗新土，黄色转青，乃用耘荡。"他认为，耘荡虽以去草，实以固苗。因为田里的浮泥容易产生横根，而浮泥下的土层很坚实，顶根扎不下去。顶根入土不深，横根又长在泥面上，则作物所得到的土壤肥力不多，长得尽管茂盛，抽穗却不多。耘荡的功效在于抑制横根生长，促进顶根入土，以吸收更多的养分，提高每株的穗数和粒数。

另外，马一龙在《农说》中还提出了一套独特的种子处理方法。立冬之后，将选好的种子放置在一块预先整理好的平地之上，上面盖草以防止鸟雀啄食，再加盖一层湿灰，到第二年清明时，再浇粪除草，使种子发芽。这种种子是最好的。

黄省曾：
博学诗人好谈经济

“荷叶何田田，绿房披甫甫。的的不成双，心心各含苦。”

“旖旎绿杨楼，依傍秦淮住。朝朝见潮生，暮暮见潮去。”

读了黄省曾的这两首《江南曲》，大家一定猜到他是哪里人了，对，苏州，古时的吴县。这个时节，江南的荷塘应该是荷叶田田了，而那撩动人万千思绪的秦淮河也定是一片旖旎的了。加上不远处繁华的大都市上海，“人间天堂”的人气之旺可想而知。其实，古往今来，苏杭都是人们向往的地方，那里土地肥沃，山美水美，享有“苏湖熟，天下足”的美誉。

发达的农业孕育发达的农学，正是这个美丽的“鱼米之乡”，走出了一大批求真务实、力为农事的农学家，他们中有学者，有干部，还有诗人。他们有一个共同点，那就是躬耕田野，隐居世外，人们称其为“隐士”。和陆龟蒙一样，黄省曾也是一位诗意的隐士、博学的农学家。

人物档案

黄省曾（1490~1540），字勉之，号五岳山人，吴县（今江苏苏州）人，明代诗人、农学家，著有《农圃四书》等。

精通《尔雅》的隐士

《尔雅》是中国最早的一部解释词义的书，是中国古代的词典，也是儒家的经典之一。其中“尔”是近正的意思，“雅”是“雅言”，指某一时代官方规定的规范语言。“尔雅”就是指使语言接近于官方规定的语言。

你说怪不怪，就是这么一本难懂的书，黄省曾打小就喜欢，而且颇有研究。可能是养成了这种喜欢钻研的读书习惯的缘故，黄省曾的科学成就是多方面的，而在这诸多的科学成就中，有一个最突出的特点，那就是强调“名”和“品”。这一点，当然和他精通《尔雅》分不开。

知识分子都很清高，黄省曾也不例外。生在才子辈出的江苏吴县，黄省曾幼年时就喜读古代散文和辞赋，明嘉靖辛卯年(1531年)参加乡试，名列榜首，中举人。可是中了举人后他就再也发挥不好了，屡考进士不第，一气之下，他便放弃了科举之路，转攻古代诗词和绘画。这下他便潇洒地在山水间游历，吟诗作画，广交文友，好不自在。当时南都参赞乔白岩坐镇金陵，听说了黄省曾的才学后，特聘他前往撰写《游诸山记》一书。这黄省曾可真是了得，一日游览，一日撰著，把乔参赞高兴得“啧啧”赞叹不止。后来，黄省曾转学于会稽王阳明门下，著《会稽问道录》，又请益于谌若水，学诗于李梦阳，于书无所不览。

阅历越来越深，知识面越来越宽，黄省曾心头渐渐地生发出一种看破尘世、归隐躬耕的心思来。于是他关门谢客，过起了闲云野鹤般的生活。

“鱼米之乡”的熏陶

读书人自有一腔抱负，即便是他归隐了山林。吴地发达的农业给黄省曾提供了施展抱负的舞台，他骨子里的重农思想顿时迸发开来，种稻、养蚕、养鱼、养花……“这些农事是多么有趣的事情呀，我要把这些有趣的事情写下来！”想到此，黄省曾开心地笑了。

其实，黄省曾骨子里的这种重农思想与他成长的环境分不开。想想看，吴地，山美水美，土地肥沃，农业发展历史悠久。“山横路若绝，转楫逢平川。川中水木幽，高下兼良田。沟塍堕微溜，桑柘含疏烟。处处倚蚕箔，家家下渔筌。”(《奉和袭美太湖诗二十首·崦里》)从陆龟蒙的诗歌中可以看出，水稻、蚕丝和鱼是吴地人民生活的基础。而以水稻、蚕桑和捕鱼为生产支柱，以“饭稻羹鱼”为生活特点的吴地农业，在新石器时代即已形成。唐宋以后，随着经济重心的南移，吴地的农业生产加速发展，成为全国粮食和服装原料的供应基地，享有“苏湖熟，天下足”的美誉。

生长在这样富足的农业大县，经受着吴地农学潜移默化的熏陶，黄省曾开始了新的使命——像陆龟蒙、陆羽、陈旉等众多吴地农学家一样，研农事，著农书，以成为真正的“士”。

诗人农学家的诞生

躬耕生活并不像人们想象中那样充满诗意，那种生活是很艰辛的。试想，一个从未下过田的读书人，用提笔的手拿起了锄头，日出而作，日落却不息(他还要把白天干的农活写下来)，又是体力劳动，又是脑力劳动的，不累才怪。但他是个诗人，诗人看待这样的生活用的是诗人的视角，诗人对待这样的生活用的是诗人的情怀。所以，黄省曾成功了,吴地又诞生了一位好谈经济的著名诗人农学家。

下面,我们就来看看他的农学成就。

(一)《稻品》

《稻品》是一本水稻品种志。它是一部脱胎于方志,而又独立于方志的水稻品种专志。《稻品》先对稻(稌、稬)、糯(秫)、秔(粳)、秈等概念作了解释,然后列举了34个水稻品种的性状、播种期、成熟期、经济价值以及别名等。

《稻品》还记载了苏州周围其他地方的一些品种,其中毗陵3个、太平6个、闽2个、松江8个、四明3个、湖州5个。这些品种大多在苏州一带也有种植,只不过在不同地区有不同名称而已。如师姑秔,四明谓之矮白;早白稻,松江谓之小白,四明谓之红白;胭脂糯,太平谓之朱砂糯;赶陈糯,太平谓之雀不觉;芦黄糯,湖州谓之泥里变、瞒官糯,松江谓之冷粒糯。

(二)《鱼经》

说到养鱼,我想到了范蠡。相传他在帮助越王勾践灭吴后,就在太湖上过起了隐居漂泊的生活,写就了中国第一部养鱼专著《养鱼经》。他认为治生之法有五,水畜第一,至今在太湖各处,仍然流传着许多范蠡养鱼钓鱼的遗迹或传说。

黄省曾写的《鱼经》是一部关于养鱼和渔业资源的专书,全书共分3部分。"一之种"介绍了几种鱼类的繁殖方法。繁殖方法可以归结为两种:产卵孵化和取苗(秧)池养。值得注意的是该书对鲻鱼养殖的描述。鲻鱼本是一种海洋鱼类,生活在海水和河水交界处。长江口的松江人在潮泥地上开挖池子,待春季涨潮的时候,捕捉一寸来长的鲻鱼鱼秧,放入池中进行人工养殖,至秋季鲻鱼就有一尺来长。这是海鱼淡水养殖的最早记载,标志着中国海产养殖的发达。

"二之法"介绍了养鱼的方法,着重于凿池和喂食两个方面。黄省曾认为鱼池必须凿两个,这样做的好处有三点:一是可以蓄水;二是卖鱼的时候,可以去大而存小;三是可以解泛,一个鱼池泛时,这个鱼池里的鱼可以投放到另一个鱼池中去。鱼池凿好以后,不可沤麻,不可投放碱水、石灰,还要避免鸽粪;水不宜太深,深则水寒而鱼难长,但池之正北,应挖得特别深,以便于鱼集中。三面有阳光,则鱼易长。池中应设洲岛,使鱼生长迅速。

"三之江海诸品"介绍了江河湖海中19种主要的鱼类,这些鱼类多属鱼中珍品。

(三)《蚕经》

《蚕经》是我国第一本关于江南地区栽桑养蚕的专书,共9部分。"艺桑"部分主要介绍了地桑、条桑品种,嫁桑、接桑方法,桑园管理,桑牛防治,桑下种蔬,桑叶市场价格预测等内容。"宫宇"即蚕室,蚕室的设置要求安静保暖,防止潮湿。"器具"即有关种桑养蚕的工具。"种连"即蚕种的繁育,包括选种、浸种和浴种。"育饲"必须使用干叶,雨中所采桑叶必须擦干吹干方可喂饲。"登蔟"即上蔟。"择茧"要求茧细长而莹白,否则淘汰。"缲拍"即缫丝。"戒宜"即养蚕的注意事项。

(四)《艺菊书》

《艺菊书》是一部种菊专书。全书包括"贮土"、"留种"、"分秧"、"登盆"、"理缉"、"护养"等六目。与以往以记载花品为主的宋代菊谱不同,该书着重于种艺之法,其价值也在于此。

黄省曾的上述四本书,合称为《农圃四书》。此外,他还著有《竽经》、《兽经》及记载西洋地理的《西洋朝贡典录》等。

黄省曾的博学由此可见一斑。

徐光启：

行走于东西之间

生于1562年，逝于1633年的徐光启是一个值得言说的人物，他一生所做的重要事情共有五件：第一，提倡农学引进甘薯；第二，练兵和造炮；第三，编著《农政全书》；第四，与利玛窦合作译《几何原本》(前6卷)；第五，主持编译《崇祯历书》。

做这五件事的时候，徐光启都是同一种姿态：自信平和，务实严谨。说他是中国的达·芬奇也好，夸他是时代的巨人也罢，他首先是一个农民的儿子，只不过在面对"知识新大陆"时，他表现出了十二分的好奇。于是，一个伟大的科学家诞生了，一场平等的"知识大交易"展开了，中国不仅引进了甘薯，而且在农田水利上吸纳了西方丰富的经验和方法。

今天，单表徐光启的农学成绩。

人物档案

徐光启（1562~1633），字子先，号玄扈，上海县(治今上海市旧城区)人，明末科学家、农学家，中西文化交流的先驱之一。他编著的《农政全书》杂采众家又兼出独见，令人拍案叫绝。

上海有个徐家汇

在上海，没有不知道徐家汇商业区的，而说起徐家汇，老上海上了年纪的人都知道它的历史变迁。

徐家汇，原是法华泾和肇嘉浜两条河流汇合处，徐光启曾在此建立农庄别业，作为农业试验场所。徐光启逝世后，他的部分后裔世居于此，初名"徐家库"，后渐成集镇。徐家汇因徐光启而得名，上海的近代文明也因他而肇始。

余秋雨在一篇探讨上海文明的文章中曾经写道：如果要把上海文明分个等级，最高一个等级也可名之为徐家汇文明。开启徐家汇文明的徐光启打小就有着强烈的好奇心。当时的徐家汇是个乡村，四周都是农田，徐光启上学的时候，特别喜欢观察周围的农事。一次，徐光启看到一个老人掐掉自己棉田里的棉桃，感到很奇怪，就刨根问底问了个清楚，回到家还说服父亲也用这种方法种棉，结果取得了丰收。

徐光启的家，从其曾祖父时起，六七十年间曾有三次较大的起伏，徐光启刚好诞生在家道第三次中落后的谷底时期。但这个家庭对农业、手工业、商业的生产活动是熟悉的。徐光启的父亲弃商归农，为人博闻强记，于阴阳、医术、星相、占候、二氏之书，多所通综，每为人陈说讲解，亦娓娓终日。而徐光启的母亲性勤事，早暮纺绩，寒暑不辍。如此的家庭环境，对徐光启后来钻研科学技术、重农兵、尚实践影响很大。

另外，多说一句，除了徐光启外，徐家汇还走出了一个巾帼名人——徐光启的第十六代孙是个军人，他的外孙女倪桂珍，便是名震中国现代史的宋氏三姐妹的母亲。

行走于东西之间

万历二十一年(1593年)，徐光启受聘去韶州任教，在那里，他见到了传教士郭居静，这是徐光启与传教士的第一次接触。在郭居静那儿，徐光启第一次见到了世界地图，知道在中国之外竟有那么大的世界；第一次听说地球是圆的，有个叫麦哲伦的西洋人乘船绕地球环行了一周；第一次听说意大利科学家伽利略制造了天文望远镜，能清楚地观测到天上星体的运行……这些新鲜事，引起了徐光启浓厚的兴趣。

幸运的是，冥冥中，一个意大利传教士在等待着徐光启。他叫利玛窦，和徐光启一样，从小勤奋好学，在数学、物理学、天文学、医学上颇有造诣。1600年，徐光启听说利玛窦正在南京传教，即专程前往拜访，表达了自己希望学习西方自然科学的愿望，但是利玛窦不置可否。徐光启没有灰心，6年后，在北京做官的他再次请求到北京传教的利玛窦教他西方科学知识。精诚所至，金石为开。利玛窦终于答应了。

有一次，利玛窦跟徐光启谈起，西方有一本数学著作叫《原本》，是古希腊数学家欧几里得所著，可惜翻译成汉文很困难。徐光启说："既然是好书，你又愿意指教，不管多么困难，我也要把它翻译出来。"1606年的冬天出奇地冷，徐光启和利玛窦的翻译工作在刺骨的寒风中开始了。先由利玛窦用中文逐字逐句地口头翻译，再由徐光启草录下来。译完一段，徐光启再字斟句酌地作一番推敲修改，然后由利玛窦对照原著进行核对。定书名的时候，徐光启想起了"几何"一词，觉得它与"Geo"音近意切，和利玛窦商量后，就确定书名译为《几何原本》。

除了《几何原本》，徐光启还同利玛窦及另一位西方传教士熊三拔合作，翻译了测量、水利方面的科学著作。

向利玛窦学习科学知识的同时，徐光启对他们的传教活动进行了协助，被朝臣误解。他辞去工作，在天津购置土地，种植水稻、花卉、药材等。万历四十一年(1613年)至万历四十六年(1618年)，他在天津从事农事试验，其余时间则多往来于京津之间。这期间，徐光启写成《粪壅规则》（施肥方法），并写成《农政全书》的编写提纲。

引甘薯重水利

和许多知识分子一样，徐光启很关心民间疾苦。他因父亲去世而回乡守丧那年的夏天，江南遭受水灾，大水把稻、麦都淹了。水退之后，农田颗粒无收。徐光启看在眼里，急在心上。他想，如果不补种点别的庄稼，来年春天拿什么度荒呢？恰在这时，有个朋友从福建带来了一批甘薯的秧苗。徐光启就在荒地上试种起甘薯来，过了不久，甘薯长得一片葱绿，十分茂盛。后来，他特地编了一本小册子，推广种甘薯的方法。就这样，本来只在福建沿海种植的甘薯在江浙一带也安下了家。

明王朝迁都北京后，政治中心同经济中心也渐渐迁移，每年需要从东南漕运400多万石粮食及其他物资，所谓军国大命，独倚重于漕运。为此，明代奉行水利为漕运服务的方针。漕运第一，灌田次之，灌田者不得与转漕争利。这个方针的长期实行，耗费了大量水资源，带来河运紧张、加剧河患、劳民伤财、经济凋敝等严重的后果。徐光启疾呼漕能使国贫，漕能使水费，漕能使河坏，主张改变水利为漕运服务的方针，确立水利为农业服务的原则，采取节水措施，将包括原来用于漕运的水源，用来灌溉农田，增加粮食生产，特别要发展北方的水利和农业，变天下为江南，改变南粮北调的局面。这些主张至今仍具有重要的借鉴意义。

生命的最后岁月

1624年，魏忠贤阉党擅权，为笼络人心，曾拟委任徐光启为礼部右侍郎兼翰林院侍读学士，协理詹事府事，徐光启不肯就任，被劾，皇帝命他“冠带闲住”，于是他回到上海。在上海“闲住”期间，他写成了农学巨著《农政全书》。《农政全书》包括农政思想和农业技术两大方面。

在农政思想方面，《农政全书》主张用垦荒和开发水利的方法力图发展北方的农业生产。自魏晋以来，全国的政治中心常在北方，而粮食的供给、农业中心又常在南方，每年需耗资亿万来进行漕运，实现南粮北调。时至明末，漕运已成为政府财政的较大隐患之一。徐光启主张发展北方农业生产来解决这一问题。与此同时，在《农政全书》中，徐光启用了四卷篇幅讲述东南地区（尤指太湖）的水利、淤淀和湖垦。

备荒、救荒等荒政，是徐光启农政思想的又一重要内容。他提出了“预弭为上，有备为中，赈济为下”的以预防为主（即浚河筑堤、宽民力、祛民害）的方针。

在农业技术方面，《农政全书》破除了中国古代农学中的“唯风土论”思想。“唯风土论”主张作物宜于在某地种植与否，一切决定于风土，而且一经判定则永世不变。徐光启举出不少例证，说明通过试验可以使被判为不适宜的作物得到推广种植。

徐光启还提出了进一步提高南方旱作技术的方法，例如种麦避水湿、与蚕豆轮作等。他还指出了种植棉、豆、油菜等作物旱作技术的改进意见，特别是针对长江三角洲地区棉田耕作管理技术，提出了“精拣核、早下种、深根短干、稀稞肥壅”的14字字诀。

另外，值得一提的是徐光启还总结了蝗虫虫灾的发生规律和治蝗的方法。

崇祯帝即位，杀魏忠贤，阉党事败。崇祯元年(1628年)，徐光启官复原职，八月，为天子师。崇祯二年(1629年)，他又升为礼部左侍郎，崇祯五年(1632年)又升礼部尚书兼东阁大学士，并参机要。

这期间，徐光启在垦荒、练兵、盐政等方面都多有建树，但他把主要精力放在了修改历法上。修著名的《崇祯历书》时，徐光启已是70岁高龄，有人亲见并记述了他的这段生活，说他：“扫室端坐，下笔不休，一榻无帷……冬不炉，夏不扇……推算纬度，昧爽细书，迄夜半乃罢。”(张溥为《农政全书》所写的序)1633年，一代大家在学习中逝世，终年72岁。

治历明农百世师，经天纬地；出将入相一个臣，奋武揆文。这样的评价，对于徐光启，名副其实！

宋应星：
巧夺天工　开物成务

又是一位明代科学家，又是一个被科学光芒恒久照射的名字——宋应星。

不知怎的，查阅这位和徐光启一样名扬海内外的科学大家的资料时，我特意在网上瞻仰了位于江西奉新县宋埠乡牌楼村的宋应星故居。这一看不打紧，心头突然袭来阵阵悲凉。经历了几百年的岁月沧桑，如今的故居只剩下一截砖墙、一扇麻石门框和残存在门框上方的几个依稀可辨的大字"瑞吸长庚"。在宋应星儿时的私塾前，我的眼前渐渐幻化出在那个"万般皆下品，唯有读书高"的科举时代宋应星那踌躇满志的身影……

人物档案

宋应星（1587~？），字长庚，江西奉新人，明代著名科学家。英国汉学家与历史学家李约瑟称他为"中国的狄德罗"。他的代表作有《天工开物》、《野议》等。

奉新二宋

1587年一个月朗星稀的夜晚，江西南昌府奉新县牌楼村，一个矗立着"三世尚书"牌坊的破落官宦之家传来一个男婴嘹亮的啼哭声。这个男婴，便是"一条鞭法"推行者、明代中期重要阁臣宋景的曾孙，被誉为"中国17世纪工艺百科全书"的《天工开物》的作者——宋应星。

到底是名门之后，书香之家，宋家十分注重孩子的教育。

宋应星很小便同长兄宋应升一起在家塾中就读，宋应星聪明好学，数岁能韵语，有过目不忘的本领。后来，他与哥哥一起考入当地县学当庠生，熟读经史及诸子百家。个性活泼的他对枯燥乏味的八股文不感兴趣，倒是很喜欢音乐、诗歌，常与同窗好友游山玩水，吟诗作赋，纵论天下。

课外，宋应星还喜欢学习被当时读书人称为“旁门左道”的各种物件的制作技术。有一次，他和朋友到一户人家做客。那户人家里摆满了许多大小、形状、颜色、图案都不同的花瓶，宋应星一下来了兴趣，他不断询问这些花瓶的制作方法。朋友们都摇头说：“这些花瓶的制作方法不过是雕虫小技罢了，不值得我们读书人学习。”宋应星却不这么认为，他说：“这些日常生活用品，我们都不知道是怎么来的，这只说明我们的无知，我一定要把它们搞懂。”于是，他开始留心对各种技艺资料的收集、记录。

和那个时代所有读书人一样，宋应星也遵循着“学而优则仕”的思想，一心想的是中举入仕，光宗耀祖。万历四十三年(1615年)，宋应星与哥哥宋应升赴省城南昌参加乡试，在万余名考生中，宋应星考取全省第三名，他的哥哥名列第六。奉新县只有他们兄弟俩中举，故时人称他们为“奉新二宋”。

生不逢时

世事难料，现实与宋应星的理想越来越远，最后致使其理想陷于破灭。万历四十七年(1619年)，兄弟俩满怀希望赴京参加会试，结果双双落第；天启元年(1621年)，兄弟俩再次赴京赶考，又是双双落第；到崇祯年间(1628~1644)，他们第三次赴京应试，又告失败。

这三次沉重的人生打击，放在谁身上谁都难以承受，宋应星也不例外，他最终断绝了科举之念，再也不去光顾那奉天殿了！是宋应星真的无才吗？非也。宋应星的才情展示在文章中，比起同时代的进士及第者们味同嚼蜡的八股文章，他的文章不知高明多少倍，然而他不断落第，说明他的思想和志趣同封建当权者是难以合拍的。这或许就是生不逢时吧。

那么，生不逢时的宋应星这三次会试就真的一无所获了吗？非也。几次水陆兼程的京师之行，大开了宋应星的眼界，使他有机会深入广大的城镇、乡村、码头进行实地考察。他看到当时的社会一面是政治的腐败黑暗，另一面却是经济上出现的资本主义生产关系的萌芽，特别是苏杭一带的丝绸、松江的棉布、景德镇的瓷器等的生产买卖十分繁荣。正是在这种不断的考察之后，宋应星开始了新的思考与选择，最终把自己与广大的工匠、农夫、矿工和船夫们联系在了一起，一门心思地搞起了农业、手工业生产技术经验整理工作。他的后半生，都系在了这块“自留地”上。

不求闻达

最后一次应试失败时，宋应星已经45岁了。不久，他的父母相继去世，为养家度日，他于1634年出任江西分宜教谕，宋应星人生中最重要的写作开始了。

仿佛回到了自己的少年时代，宋应星在追求新的理想时充满了激情，伏案写作，不分昼夜，他是要用实际行动去追回逝去的青春啊！就在他潜心著书之时，中国发生了天崩地裂的大变动，明朝灭亡，清兵入关。按清朝“原官留任”的政策，只要抛开旧主，归顺清朝，剃发易服，仍可留任。宋应星认为虽不能挽明朝于既倒，也不能拖着辫子为清朝效劳，于是毅然弃官，回到家乡，潜心研究科学。

失去了俸禄，生活陷入了困境，没关系，靠祖上留下来的几亩薄田耕种糊口；得不到应有的理解和支持，没关系，单枪匹马也能干。20多年的时光过去了，宋应星成功了，他和他的《天工开物》一起走向了世界，虽然这份成功来得晚了些。

走向世界

酒香不怕巷子深。讲了这么久，大家肯定等不急要了解《天工开物》这部书了。它有哪些内容？它为什么得不到国内士大夫们的重视？它为什么能走向世界……《天工开物》的书名取自《尚书·皋陶谟》中的“天工人其代之”及《易·系辞上》中的“开物成务”，“天工开物”这4个字意思是说：只要丰富自己的知识技能，遵循事物发展的规律，辛勤劳动，就能生产制造出生活所需的各种物品，其精美的程度胜过天然。

全书按“贵五谷而贱金玉之义”分为《乃粒》（谷物）、《乃服》（纺织）、《彰施》（染色）、《粹精》（谷物加工）、《作咸》（制盐）、《甘嗜》（食糖）、《膏液》（食油）、《陶埏》（陶瓷）、《冶铸》、《舟车》、《锤锻》、《播石》（煤石烧制）、《杀青》（造纸）、《五金》、《佳兵》（兵器）、《丹青》（矿物颜料）、《曲蘖》（酒曲）和《珠玉》等篇，分为上、中、下三编。

上编记载了谷物豆麻的栽培和加工方法，蚕丝棉苎的纺织和染色技术以及制盐、制糖工艺。中编内容包括砖瓦、陶瓷的制作，车船的建造，金属的铸煅，煤炭、石灰，硫黄、白矾的开采和烧制以及榨油、造纸方法等。下编记述了金属矿物的开采和冶炼，兵器的制造，颜料、曲药的制造以及珠玉采琢等。

看了这些内容，就可以看出宋应星所倾注的心血。但是，明朝的士大夫们看不出它的价值，他们认为关系国计民生的制造技术与工艺只是“雕虫小技”，与理学经典和八股文章相比，不值一提。甚至在清朝大兴文字狱时，这部有着重要价值的巨著还被当做禁书销毁，尘封了300年，才得以在国内重见天日。

外国传教士与中国士大夫的态度截然相反，他们像看待宝物一样对《天工开物》刮目相看，将它译成日、法、英、德等多国文学，在全世界广为传播。其中英译本称其为“17世纪的中国工艺学”，日译本称其为“中国技术的百科全书”，可见其声誉之高。

宋应星的名字也随着《天工开物》走向了世界，今天，专门研究中国科技史的李约瑟盛赞宋应星为“中国的狄德罗”。而在宋应星的家乡，宋应星和他的《天工开物》成了光芒四射的旗帜，人们用“天工开物园”来展示农业文明，来纪念这位“不求闻达”的自然科学先驱。倘宋应星泉下有知，应该欣慰。

张履祥：谁说耕读不能相兼

人物档案

张履祥(1611~1674)，字考夫，号杨园先生，浙江桐乡人，明末清初著名理学家、农学家、教育家、理财家。

有道是：乱世出英雄。今天我要说，乱世出人才。在古代的中国，若逢乱世，大凡有气节的读书人走的都是归隐这条路子，而归隐，又常和躬耕联系最紧密，于是，一个又一个农学家诞生了。

这，不能不说是农业之福、人民之福。

张履祥就出生于明末清初的乱世当中。改朝换代使他失去了从政的机会，他隐居乡间，教书、务农，始于无奈，终于自觉。在这种自觉顿悟中，他成了那个农者不学、学者不农年代中的一个另类。这个另类主张耕读相兼，故称其"农士"最贴切不过。

重教　主张耕读结合

在张履祥看来，读书并不是为了追求富贵，读书是为了砥砺德行，达到修齐治平的目的。这主要是受其母亲的影响。张履祥9岁丧父，他的母亲沈孺人经常教导他："孔孟亦两家无父儿，只因有志，便做到圣贤。"他还有一个不为当时社会所理解的主张，那就是"耕读相兼"。这主要是受其老师崇祯末年御史刘宗周的影响。刘宗周的老师叫吴康斋，吴康斋设馆授徒时，隐居乡间，率弟子亲自耕田。张履祥对此十分神往。

1644年，清兵入关，占据北京。1647年，眼见清王朝统治局势已定，带着几分无奈，张履祥开始了曾经神往的以教书为主的隐居生活。

作为一名乡村教育工作者，张履祥十分了解乡村民情，深知稼穑的重要和艰难，所以在家庭教育中，他教诲其子：稼穑艰难，自幼固当知之，一旦筋力长大，便应参加生产，因为知稼穑之艰难的最好途径，莫过于亲自参加农业劳动。他说：农事不理，则不知稼穑之艰难；休其蚕织，则不知衣服之所自。张履祥认为，懂得稼穑的艰难、劳动的辛苦，不但有利于培养子弟勤俭的作风，而且有助于锻炼身体，促进身体健康。他说：筋力有用也，逸则脆弱。他还指出通过农业劳动亦可培养人坚强的意志，并且由于从事农业劳动是一种重要的“治生”手段，对子弟自幼进行习耕教育，也能培养他们独立生活的能力。

自古士、农、工、商四民的分业是绝对的，互不相兼。为农者，一字不识，不明义理；为士者，流为学究，耻学农稼实事。针对这种积弊，张履祥提出，无论为农为士者，均须耕读相兼。家庭对子弟实施的书本知识传授与稼穑教育不可偏废，不可流为虚名，耕则力耕，学则力学。他曾反复告诫自己的子弟：父所守者，“耕田读书，承先启后”八字。要求子孙固守“农士家风”。

理财　讲求经济效益

从明末的秀才到清初的农士，从无奈的归隐到自觉的顿悟，张履祥淡定了，他将自己的所有才学与农业生产经营联系在了一起。说起来，咱们的杨园先生还挺有经济头脑的，虽然他始终绕不出围着“农”字转的圈圈。

也难怪，出身没落地主家庭，又生活在那么个歧视商人的社会，再加上生逢乱世，换了谁都会先糊住口再说。那么，张履祥的农字理财经究竟是啥样的呢？

首先，作为地主，要加强对佃户、雇工的选择和管理。

张履祥说：种田无良农，犹授职无良士也。他认为，对良农的访求选择，全在平时，选择自己所了解的人，人无全好，亦无全不好，好坏大致可分为四等，不求全责备，要唯才是用。在佃户受田之日，要到佃户家去，熟悉他的邻居，考察他的勤惰，了解他家的人口。要认真选择勤劳而善良、家里人多而能同心协力的人家，把田租给他，同时要注意改善雇工的生活。

张履祥对雇工的劳动量和伙食供给曾作过详细的规定，即采用按劳取酬的办法，将劳动的忙闲、勤惰、难易区别开来，给予不同的工钱和伙食，奖勤罚懒。他还把宽恤租户、不致退佃作为经营家业的第二件要紧事。张履祥说：劳苦不知恤，疾痛不相关，最是失人心之大处。他提出收租之日要注意优待，遇有灾难还要加以抚恤。总之，彼此感情要融洽得像一家人一样。

其次，精打细算，讲求经济效益。

张履祥的理财之道有一个鲜明的特点，就是算农业生产的投入产出账，并进行对比分析，计算盈亏，用较少的人力、物力、财力取得较大的经济效益。比如，他经过精确计算，提出用粮食酿酒、用酒糟养猪、用猪粪肥田这种循环经济思想，这样可以获得更好的经济效益。

的确，吃不穷，穿不穷，算计不到一世穷。在精打细算上，张履祥的表现非常突出。他仔细计算过养鸡、鸭、鹅的收支情况，对于每种家禽的饲料用量、生长速度、产蛋量、市场价格等都了如指掌，正是基于这种计算，他提出，多畜鸡，不如多畜鹅，雌鸡之利稍厚于雄鸡。

养家禽如此，经营其他生产也不例外。

张履祥对种桑和种稻的投入(人力、肥水等)和产出(产量、价格等)都作过仔细计算，得出了蚕桑利厚、多种田不如多治地的结论，打破了中国传统农业中五谷、桑麻、六畜的格局，这也是对重农贵粟、食为政首等传统观念的一大挑战。

一句话，张履祥的农字理财经无不以市场为导向。跟着市场走，经济效益自然提高得快，于是带来了商品经济的发展，而商品经济的发展不仅改变了原有的农业生产结构，而且也促进了粮食生产的发展和耕作技术的提高。

为农　注重综合开发

一个教育家，一个理财家，都和“农”字相关，所以到最后，农学家的桂冠自然而然就落在了张履祥的头上。

研究农学，一刻也离不开土地，离不开田间地头的试验。读书人就是聪明，张履祥雇人耕种自家的40多亩田地，在教学之余，他除了亲自动手下地干活外，还经常向老农请教，与他们一起讨论问题。遇到农忙季节，他或是亲自监督雇工劳动，检查成绩，或是穿草鞋、戴草帽，送饭到田间。他最擅长的农活是修剪桑树，连有经验的老农也比不过他。当然，实践中得出的宝贵经验张履祥是不会烂在肚子里的，他肯定要记录下来，他的这本书，是宋代陈旉《农书》的姊妹篇，名字也实在——《补农书》。

(一) 因地制宜

因地制宜是贯穿《补农书》的主要思想，在这种思想的指导下，张履祥主张多种经营。这里讲一个案例，从中可看出他的多种经营思想。

张履祥有个好友叫邬行素，不幸去世后，留下老母、幼子，瘠田10亩，池一方。考虑到邬家缺少劳力，瘠田地势又高，不利于种稻，张履祥做了这样一个经营规划：种桑3亩，收获桑叶后可种菜，四旁可种豆芋；种豆3亩，收获豆子后则种麦；种竹2亩，用竹或笋换米；种树2亩，如梅、李、枣、桔之类，皆是经济果木，可以换米；适宜潮湿环境生长的作物在低处种植；池中养鱼，池中的肥土还可做竹地和桑树的肥料；养羊五六头。怎么样？这个旱涝保收的策划方案不错吧？

(二) 稻麦二作

稻麦二熟制是宋代以后在江南地区发展起来的，由于没有相应配套的整地技术，稻麦二作之间在季节上存在一些矛盾。为解决稻麦二作的矛盾，延长麦子的生育期，《补农书》较早地记载了小麦移栽技术：“若八月初先下麦种，候冬垦田移种，每棵十五六根，照式浇两次，又撒牛壅，锹沟盖之，则秆壮麦粗，倍获厚收。”张履祥说：中秋前下麦子于高地，获稻毕，移秧于田，使备秋气。小麦移栽技术首见于明万历三十九年(1611年)的浙江《崇德县志》,崇德与桐乡是近邻,小麦移栽技术很可能就是在这一带最先使用的。

(三)松棚式木架养蚕和压桑秧

张履祥非常重视蚕桑,他发明了松棚式木架养蚕法。预先做一个松棚式木架,宽度和径深均为1.45丈,架的高度以超过桑树为准,上面编织细竹作盖,像桑树栽在屋中一样。或一天移动一下,或两三天移动一下,得据饲蚕的多少而定。木架早晚可避露水,晴天可遮蔽太阳,阴天可防止雨水,使桑叶保持干鲜。在农忙季节,使用这种方法既省人工,又可预防蚕病,对于提高茧丝的质量和产量都很有意义。

张履祥总结了桑树压条的繁殖方法,他说治地必宜压桑秧。因为桑秧由自己培育,容易选择,而根、茎、枝较相似,随起随种,棵棵能活,还可以节省一项买树苗的开支。而且买来的树苗,100枝只能活四五十枝。

张履祥还总结了压桑秧的方法。要用新填过土的桑地,或者是在水旁的地埂上,冬天挑上一次稻秆泥。采桑叶的时候,就得留好准备压桑秧的枝条,使它靠近地面,等叶头向上新条长出,就埋入土中。黄梅时浇一次粪,如果用羊圈里的粪铺上更好。农历六月浇一次,八月再浇一次,这些枝条就可以同母株分离,自己长出新根。每分地可压得桑秧数百枝,叶又不少,获利多而又不费力,每年压上三五分地就可供本家使用。

总之,在注重综合开发的生产经营实践中,张履祥积累了丰富的种植和养殖经验,如梅豆、麻、苧麻、萝卜、甘菊、芋艿、百合、山药、白扁豆等的种植方法以及鱼、鹅、鸡等的养殖方法,有些是桐乡特产,更多的是其他古农书中所未涉及的。

杨 屾：
关中布衣 经学致用

人物档案

杨屾（1687~1785），字双山，陕西兴平人，清朝农学家，一生致力于农业研究和农业技术教育，成绩卓然。

2010年年初，百年不遇的西南大旱让国人揪紧了心。于是，万众一心的赈济救灾行动开始了，灾民们虽紧锁眉头，却并未对生计太过忧虑。当时光追溯到古代，这样的大旱可是要命的事！最直接的后果就是食物与用水短缺，农业生产难以开展，人们无法在土地上获得最基本的生活资料，因饥渴或饥饿而死者所在多有，而劳动力的减少必然造成大片土地荒芜，导致经济恶化和财政危机。

那么，古人是如何防旱抗旱的呢？无非几招：灾前预防，赈济救灾，移民就食，保护植被，改良作物，改进农耕技术。这最后几招呀，清人杨屾认识得极为到位："每岁之中，风旱无常，故经雨之后，必用锄启土，耔壅禾根，遮护地阴，使湿不耗散，根深本固，常得滋养，自然禾身坚劲，风旱皆有所耐，是耔壅之功兼有干风旱也。"（《知本提纲·修业》）杨屾何许人也？

关中一布衣

"城阙辅三秦，风烟望五津。与君离别意，同是宦游人。"（《送杜少府之任蜀川》）循着唐人王勃的诗句，我眼前浮现出那片厚重而辽远的三秦大地：除了金戈铁马，除了红艳艳的山丹丹花，还有那山一样粗犷的关中汉子在黄土高坡上纵情放歌……梦回唐朝，梦到大清，无限遐思中，一位布衣农学家的形象渐渐明晰：他有着山一样刚毅的品格，更有着山一样朴实而宽广的追求。他，就是双山先生——杨屾。

和许许多多的古代农学家一样，双山先生在史书上无传，他弟兄几个、姊妹多少均不可知，让今人知道并走近他的，是他的农学成就及学术成果。这么着吧，我们先来看看他生活的时代，再走近他的家乡，或许从中可以找到一些他倾其一生致力农桑的缘由。

双山先生是幸运的。首先，他生活的时代，正值康乾盛世。少年的时候，著名哲学家李颐主讲关中学院，杨屾拜其门下，李颐重视经世致用的思想深深地影响着他。于是，当大多数知识分子热衷于钻研如何做好八股时文，为入仕蜂拥而考之时，杨屾却选择了这样一条道路：矢志于经世致用之学，致力于探索自然与人生，研究伦理和工商业。其次，他生在了一个有着丰厚农业文明和文化底蕴的地方——关中，此处帝王气极浓。但是，自宋以后，政权东移，到明清两代时，关中已今非昔比，在农业上，既不种棉，也不种桑养蚕，只种粮食作物。所以那里的老百姓每年都要卖掉一半以上的口粮到外省换布，结果是衣食皆缺，难以糊口。

此情此景无时无刻不震撼着杨屾的心。当确定下矢志于经世致用之学的人生观后，他毅然设馆教学，致力农桑。

不为书所愚

要说，一介布衣设馆教学，而且是以农学为主，在当时是很没前途的。事情的发展并没有遵循古时的那个客观规律。杨屾设馆教学，先后从学的弟子达数百人，他的学术成就在当时也得到了很高的评价。

一代关中名士刘古愚说杨屾的学问可与北宋著名理学家、“关学”创始人张载媲美，说他注重实际，不拘泥成法，博览群书，而不为书所愚。

又是一个务实的农学家，又是一个实事求是的知识分子。试看杨屾授课时的讲义：《知本提纲》。

据杨屾说，这书是给初学之人读的，所以文字就写得通俗易懂，又为了便于背诵，所以正文很少，详细说明全在注解。《知本提纲·农则》一开始为总论，论述农业的地位、功能等传统重农思想，最后这样说：知识分子必须关心农业生产，“士农不分”，同时强调“在学校不可一日不讲”。杨屾把农学知识纳入中国传统教育的教学内容，定为学生必修的“四业”（农、工、礼、乐）之首，实为士农结合的教育措施的开创者。《知本提纲·农则》所指农、桑、树、畜等农业生产各部门的技术原理和技术方法，都是经过深入实践后总结出来的，自成体系，反映出明清之际关中地区的农业生产概貌和农业科学技术情况，相当出色。

有一次，杨屾读《诗经·豳风·七月》，受到启发。他想，《豳风》中所指“豳地”，即邠州、长武等处，都属陕西，既然陕西古代能够种桑养蚕，现在也应该能种桑养蚕。于是他决心重兴“豳风”，恢复陕西的蚕桑事业。他根据历史和事实，强调农桑并重和南北各地都宜栽桑养蚕，并博考各种蚕书，博采众长，又访问各地栽桑养蚕的经验，亲自试验，寻找出了在陕西行之有效的养蚕方法。他根据积累13年的经验，写出了一本蚕桑专书——《豳风广义》。兴平、周至、户县一带的乡民，互相仿效传习，都大获其利。

引棉兴"豳风"

杨屾还是关中引种棉花第一人呢。那是在他钻研蚕桑之前,杨屾看到大家无衣穿,首先想到的是种棉花。说干就干,他找来棉籽开始试种,但试了一次又一次,洁白的棉花终究还是未在关中大地上开花。

杨屾没有被种棉的失败所打倒,又试起另外一种做衣服的原料——苎麻。那方水土还是没能接纳这种植物,杨屾又一次失败了。他的心也由此提得老高老高,连做梦都是想着让家乡种上棉麻。

怎么办?先到书中找找看。杨屾的固执劲一上来,几头牛都拉不回。这不,接着上述的兴"豳风"的故事,功夫不负有心人,杨屾的梦想还真实现了。

据说杨屾的蚕桑专书《豳风广义》使兴平、周至、户县一带乡民大获其利后,清政府并未对此引起重视,关中省县当局表现出一种置若罔闻的姿态。这下可激怒了双山先生,他于乾隆六年(1741年)上条陈给当时的陕西布政使帅念祖,请求省府出面倡导发展蚕桑业,并附上《豳风广义》。杨屾在条陈中,不仅从历史到现实陈述了推广桑蚕的利益,认为可以广开财源、以佐积贮、裕国辅治、以厚民生等,而且提出了切实可行的推广蚕桑"八策",建议用"规劝"和"课税"的办法巩固发展蚕桑业,要有赏有罚,凡栽桑百棵以上者可以得不同等级的奖励,至于桑籽、树苗、灌溉等重要措施,官府也要有统一筹划,尽量与民方便。

杨屾的条陈得到帅念祖的支持,帅念祖遂下令各府、州、县大力推广蚕桑。不到10年,陕西关中、陕南,甚至陕北很多地方的蚕桑业很快发展起来。为加强蚕桑业,凤翔、三原等地区还设立了蚕局和蚕馆,负责推广和具体的技术指导工作。后来杨屾到终南山游学,见槲橡满坡,知其有用,特买沂水茧种,令布其间,也取得了成功。就这样,在杨屾的极力倡导下,柞蚕也开始在关中地区大量放养。

开辟养素园

养素园,说实在话,看到这个名字,我还真未同农业生产试验基地联系起来,只想象着它是一处素净的所在,有假山,有溪水,有小桥,有花草,杨屾在此处读书做学问,应该同什么"山人草庐"、"静雅斋"之类的书舍没什么二致。

我错了,这个养素园不仅是一处园林,更是一个农业生产试验基地,想必"养素"二字是双山先生对农业的一种朴素的理解吧。

建立这个园子还是缘于杨屾的经世致用思想。"农非一端,耕桑树畜,四者备而农道全矣。"(《豳风广义》)这是杨屾对"农"的理解,包含着大农业的宝贵思想,用今天时髦的说法就是农业产业链。在这个大农业思想的指引下,一个集耕作、树艺、园圃、畜牧为一体的养素园诞生了。

瞧，杨屾是这么布局的：园周围栽种桑树和用材树木；园内间套种各种果树、蔬菜和药材；园中央凿一口大水井，安装有水车，供抗旱浇园之用；园内盖有房舍，设学馆，藏图书，储学育才。

杨屾在这个养素园中边劳作、边研究，他的许多著作都是这样完成的。“区田”是一项古老的农业技术，为摸清“区田”的功效，杨屾带领学生们专门用区田法种了1亩麦子，一切严格根据区田法的要求去做，成果是在1亩地上收到了1000斤麦子。正是这样严谨的治学态度，让杨屾的学术成就得到认可，他也因此声名鹊起。但杨屾不为虚名所动，只是极力辅助省里，倡议栽树、植桑、养蚕，无聊的应酬一并回绝。

杨屾服务乡梓，古道热肠。他的家乡距城镇较远，交通不便，他就随机应变建立集市；农村缺医少药，他就探索脉理，熟习针灸，曾多次治愈乡亲多年无法根治的顽疾；他还精于兽医，为乡亲们蓄养的六畜治病……

一介布衣杨屾，既嗜书如命，入乎其内，又介入社会，出乎其外，确实是知识分子的楷模。

包世臣：全才幕僚 忧国忧民重农桑

人物档案

包世臣(1775～1855)，字慎伯，号倦翁、小倦游阁外史，安徽泾县人，因古时泾县叫安吴县，故人称包安吴，清代著名学者、农学家、书法家。

包世臣，许多人只知他是一位杰出的书法家，却不知他还是一位博学多才的学者和颇有远见的农学家，更不知他怀有一颗愤世嫉俗、忧国忧民的心。

穿过鸦片战争的硝烟，穿过林则徐虎门销烟的烈火，我们看到了那个布衣长衫下的高大形象正在义正词严地揭露鸦片走私带来的银荒问题："鸦片产于外夷，其害人不异鸩毒，大量白银外流，又引起社会上银贵钱贱，而直接受害者却是当时社会下层的贫苦之家……"而当林则徐在赴粤禁烟前问计于他时，他是这么说的：止浊必澄其源，行法先治其内。

是什么力量成就了包世臣的"农政"及"好言利"之梦呢？

全才幕僚

一个人人生观和世界观的形成同他的成长环境有着密不可分的关系。我们且来看看包世臣的成长环境。1775年的一天，安徽泾县一户破落的士大夫之家添了一个男丁，男主人包郡学一半是喜一半是愁。

唉，本就经常无米下锅，再多一张嘴，能不愁吗？但愁终究压不过心头的喜，包郡学开始策划教子方案。

包郡学的教子方案也没啥特别的，无非是多读书。但和那些士族官宦之家不同的是，包郡学对儿子的教育是理论同实践相结合，且实践所占其教学过程的比例远远超过理论。未曾想这样的结果很让人欣慰：儿子不仅精熟经史，而且非常善于思考，读书必使自明其义。包郡学那个乐啊，自感包家中兴有望，遂为儿子取名世臣，希望儿子成为经世致用的栋梁之才。

其实，包郡学的理论同实践相结合教学法就是这样一幅图景：包世臣一面跟随父亲读书，一面种菜，了解农事。尽管十分清苦，但懂事的包世臣却很喜欢这种耕读生活。好景不长，可能是终日营养不良的缘故，包郡学病倒了，包世臣只好暂时放下书本，全身心投入到为了生计的农业劳动中。他租地10亩，种上蔬菜和水果，成熟后拿到市场上换米面。在农业劳动中，包世臣自学了许多丰富的农业知识，这也使他深知百姓生活的艰难，由此在心头播下了以农业为民谋福的种子。

当时，中国封建社会已日见衰败之象，加之帝国主义的入侵和封建官僚的腐败，极大地触动着包世臣的心。十二三岁时，他就慨然有志为社会做些有益的事。18岁时，他毅然离家做塾师，其间读到明末清初倡导经世致用的大学者顾炎武的《日知录》，仰慕之情顿生，顾炎武的为人和经世思想同他平时的所思所想极为契合，因此，他为天下谋利的决心更坚定了。

19岁时，包世臣游芜湖，受知于中江讲院程世谆。程世谆非常赏识他，荐他于徽宁道宋榕门下做幕僚。时值天久旱不雨，宋榕有意见识一下包世臣的才学，命其作诛旱魃文。由于平时念念不忘人民之疾苦，包世臣下笔立就，洋洋万言，深得宋榕的赞赏，于是长久地留了下来，直到64岁，他才在江西新喻当知县，但由于得罪了权贵，不到1年便被劾罢。

虽然在官场，包世臣的社会地位非常低微，但他在当时社会却是一个响当当的知名人物。原因嘛，就是他对当时重大的社会问题，如农政、漕运、盐务、河工、银荒、货币以及水利、赋税、吏治等方面的实际情况，都相当熟悉，尤其具有农、礼、刑、兵所谓齐民四术的广博学识，所以，他成为当时许多封疆大吏重视的全才幕僚。这个全才幕僚还是个有着王羲之风格的著名书法家呢，他的《艺舟双楫》就是中国书学理论的重要著作。另外，他的篆刻亦为当世推崇，他的画也不错。

重农利商

青年时代的包世臣，对种菜有浓厚的兴趣，常常把古书中的种菜方法亲自运用到实践之中，看看哪些是对的，哪些是错的，进行比较鉴别，从中积累了丰富的农事经验，为日后撰写《郡县农政》打下了深厚的基础。

说到《郡县农政》，那可是包世臣从政治角度写的一部农书，书中虽然记载了一些农业生产技术，但并不是为农而谈农，用包世臣的话来说，就是治平之枢在郡县，而郡县之治首农桑。从中可以看出，包世臣继承了古代一以贯之的重农思想。但他并非单纯的重农，他不仅重农，而且主张利商。这就不易了。

《郡县农政》是包世臣重农思想的缩影，这里我们且来读读这本书。

《郡县农政》短小精悍、通俗易懂，共分七部分，主要有"辨谷篇"、"任土篇"、"养种篇”、“作力篇”、“蚕桑篇”、“畜牧篇”等。

“辨谷篇”讲作物品种的识别。

“任土篇”除讲耕作、灌溉、土壤、肥料外，还讲山地开垦及“区田”、“代田”等。

“养种篇”叙述作物选种育苗技术。包世臣对选种和培育壮苗特别重视，该篇对江淮地区主要作物水稻的浸种、催芽、落谷、护秧等都有详尽记载。

“作力篇”主要讲农作物栽培方法。除粮食作物外，该篇还介绍了棉花、甘薯以及各种蔬菜和少数经济作物等的栽培方法。篇末附有农家种植历，按二十四节气，安排各个节令的农事活动，内容涉及农、林、牧、副、渔各业，可以视为一种小型节令型农书。

“蚕桑篇”包括从栽桑到缫丝的全部内容。

“畜牧篇”对牛、马、羊、猪、鸡以及鱼类都分别叙述，涉及饲养、繁殖、育种和管理等各方面。

除了种植、养殖技术，包世臣还十分关心与农业密切相关的水利事业。清王朝由于朝政腐败，江淮地区河堤长久失修，水患频繁。包世臣作为幕僚除积极从事救灾工作外，还提出许多建议。1829年，为治理水患，掌握黄淮水情，他坐船从山东临清出发，沿大运河南下经东昌、洛宁、宿迁到达扬州，考察了沿路的许多河流湖泊的水位、水源、流向及防洪设施，针对存在的问题，提出了中肯的建议。他在江西当幕僚时，反对盲目围湖造田。当时江西的圩田建设十分混乱，一个大圩中往往有数个小圩，单一的农户只顾自己的小圩，而辖区的官吏只知横征暴敛，不管修圩防洪，一到洪水季节，大圩一破，小圩全部被淹，鱼米之乡尽成泽国，但田去粮在，老百姓还得按田交粮。因此他在给江西巡抚陈玉生的信中谈到要治理江西，第一要务是处理好圩田建设中的防洪问题。

利商，即重末。农业是本，商业是末。包世臣既重本又不抑末，他是怎么做的呢？他主张把农业生产放在首位，同时也注意发展工商业，他把它们概括为：生财者农，备器者工，给有无者商。这样，既澄清了视工商为“末”的片面看法，又给工商业以相应地位。

道光十年（1830年），包世臣协助两江总督陶澍办理两淮盐政，主张实行“票盐”取代“纲盐”制度，他的改革主张某种程度上反映了商业资本利益和要求。

为了解决银荒危机，包世臣一方面主张严禁鸦片，另一方面主张改革货币，他反对王鎏行钞而废银、滥发纸币的主张，提出以制钱为计算单位，有限地发行不超过市场流通数额的纸币，但仍允许白银作为货币流通，希望用这种以钱起算的办法来阻止银对钱比价的上涨，使物价稳定下来，从而减轻中小地主、工商业者和农民的负担。

像这样的例子还有很多。

忧国忧民

包世臣一生足迹遍布大半个中国，奔波所及无不以泽被苍生为第一要务，从不计较个人名利得失，仕途对于他来说只是一个更好的为百姓谋利的机会。

长期的幕僚生涯，使包世臣能洞察事务、博访周谘，对民情、国情有了较为准确而深刻的了解，悉知水陆之险易，物力之丰耗。因此，他遇樵夫、渔师、舟子、舆人、退卒、罪隶，邂逅之间，都必导之使言，积极提出举荒政、罢征敛的建议，同情民间疾苦，为百姓的生活而奔走呼号。嘉庆十年（1805年）夏，他在扬州亲见灾民饥饿情状，立即发书伊墨卿太守，请求速赈，使3万多流离失所的灾民得救。嘉庆十九年（1814年），江淮流域发生大旱，他在南京力倡捐赈，终使太守放弃了助富室而阻赈的念头，使8900名饥民得济活命。

鸦片战争前，包世臣深入民间，调查研究，以大量的数据和事实为依据，阐述鸦片对我国的危害。他正告当局，如此下去，白银外流，民不聊生，势必导致市银日少，国库空虚，毫不含糊地揭露清政府内部许多官员与英帝国主义鸦片贩子相互勾结、狼狈为奸的阴谋，义正词严地谴责他们见利忘义、祸国殃民的卑劣行径。

鸦片战争爆发后，针对清政府中投降派散布的"夷兵之来，系由禁烟而起"的谬论，包世臣极为气愤。他奋笔疾书，以大量无可辩驳的事实驳斥投降派的谬论，严正指出，列强入侵绝非禁烟而起，而是由帝国主义的狼子野心和侵略本质所决定的。

1841年林则徐到广东督办禁烟，取道江西豫章时，特意看望包世臣，包世臣非常感动，坚决支持林则徐禁烟，并建议尽快招募熟悉水性的渔民壮勇，组成强有力的水师，以抗击英帝国主义的侵犯。他还多次指出加强长江要塞防务措施的极端重要性。

正是：爱国之心天地可知，爱民之情日月可鉴。包世臣用行动不懈追求着自己经学致用、重农利商、为民谋福的理想，也正是因为有着这样的理想，他才能够疏于仕途，淡泊名利，唯著书立说、精研学问，成为了集学者、农学家、农业经济学家、思想家、书法家为一身的一代大家。

吴其濬：状元郎遨游植物王国

人物档案

吴其濬（1789~1847），字瀹斋，号吉兰，别号雩娄农，河南固始人，著名植物学家。他是清代河南唯一的状元，一生宦迹半天下，著有《植物名实图考》、《植物名实图考长编》等。

可能是天气闷热的缘故，人们易心火上升，于是医院里的咳嗽上火患者骤然多了起来，非常不幸，我也“中标”了。医了大半月，还是有些气虚，不由得十二分地怀念起《神医喜来乐》中的喜郎中来。唉，如果喜郎中在，一个偏方，准保立竿见影。

喜郎中是见不到的，咱就百度一下偏方吧，别说，还真找到了一个比较对症的方子：秋分那天，用鲜槐树枝条穿十几个鲜萝卜，挂在枝叶繁茂的树上，百天后取下，去掉槐枝，切片煮烂，拌上红砂糖吃，每次一个萝卜，几次就好。据说一位60多岁的孙姓老人，咳嗽多日，就是用这个方子治愈的。

好好好，等秋分时，如若还是顽固地气虚，咱也试试看。其实，萝卜浑身上下都是宝，尤其是一种名叫心里美的，不仅肉脆味甜汁多，而且助消化去火，还可减肥呢。清代著名植物学家吴其濬就这样评价它：琼瑶一片，嚼如冷雪，齿鸣未已，众热俱平。

吴其濬别号雩娄农，雩娄是他家乡河南固始的古称，这个别号的意思就是固始的一个农民。这大概也是他在向世人表明自己立志研究植物的志向。

20年寻觅一水果

立志研究植物同喜欢大自然分不开，吴其濬很小的时候就很喜爱大自然中的红花绿草和苍松翠柏。吴其濬是一个有心人，在游玩的同时，对见到的植物总要仔细观察，然后提出一些自己不能解释的问题来，而且总要追根究底。

吴其濬十几岁时，父亲在湖北当楚北学使（管教育的官）。一次，一位远方来的客人带来了一种大家都没见过的水果，外形好似鸭蛋，可味道却是酸酸甜甜的橘子味，十分好吃。高兴之余，吴其濬开始仔细端详起这个奇怪的水果。“这个水果叫什么名字啊？”他好奇地问，可客人说这水果是别人送他的，他也不知道水果的名字。吴其濬转而又问自己的父母和家人，却没有一个人能回答这个问题。

吴其濬想：“世界上有多少种花草树木啊！就连人们吃的一些水果，也有大人不知道名字的。我要是能把见过的各式各样的植物分类，整理一下，应该是多么有意义的事！”也就从那时起，那种不知名的水果在吴其濬的脑海里留下了一个大大的问号，使他萌生了要从事植物学研究的念头，从此，他步入了一个五彩缤纷的植物王国。

吴其濬做了大官后，周游了许多地方，见过许多珍贵的植物，可小时候吃过的那种不知名的水果，他却始终记忆犹新。20年以后，皇太后赐给他一筐水果，筐外面写着“蜜罗”两个大字。“蜜罗是种什么样的水果呢？”吴其濬一边想着，一边打开水果筐。没想到水果筐里面的水果正好是自己小时候吃的那种不知名的水果。

当时正是隆冬季节，吴其濬用温水浸泡那些已经冻成冰疙瘩的水果，化冻后，切开放在盘中，满屋飘香。

吴其濬很是高兴：他终于知道了20年前在家乡吃的那种不知名的水果的名字了。可是蜜罗到底产自哪里？它有何特性？吴其濬多方仔细打听，终于得知是福建的地方官给皇帝进贡的。

后来，吴其濬被派往湖北做官，当地有人请客。在宴会上，他发现席上有蜜罗，又听说附近就有蜜罗树，于是他立即让人带他去看个仔细，还叫人准备纸笔，认真画起图来。至于赴宴之事，他早已忘到九霄云外了。

东墅园半藏农具半藏书

寻觅一水果可以一寻20年，吴其濬对植物的痴心由此可见一斑。但是身为官府之人，若想一心研究，难免分身乏术。道光元年（1821年），他的父亲病逝，道光三年（1823年），他的伯父病逝，两年后，他的母亲也因病去世。接二连三的失去亲人，让吴其濬伤心不已，他遂守孝居乡8年。这8年间，除了悼念亲人亡灵，他还做了一件人生中极有意义的事。

这件事承载着他的志向，寄托着他的梦想，对，就是辟建植物园。

这个名叫东墅的园子占地10多亩，位于固始城东史河湾。咱们的雩娄农在此植桃八百，种柳三千，编槿为篱，种菜数亩，天天精心侍弄，三四年下来，绿覆半墅，煞是壮观。在这里，雩娄农一面如痴如醉地像真正的农人一样，实地研究植物的生长规律，一面潜心翻读农书，将理论同实践相结合，通过仔细观察、考证得出翔实的结论。如他的《植物名实图考》在记载蕨类植物生殖器官孢子囊时，说剑丹叶“面绿背淡亦有金星如骨牌点”。“金星”（即孢子囊群）是蕨类植物共同的特征。他还对鹅掌金星草、金交翦、飞刀剑、铁角凤尾草等蕨类植物的孢子囊作了形象的描述，而且其附图都将“金星”绘出。

工作中，吴其濬还发现本草著作和其他有关记载植物文献中的错误以及经常出现同名异物、同物异名的混淆现象，对此，他给予了详尽的纠正和补充。如李时珍在《本草纲目》中将五加科的通脱木与木通科的木通混为一种，同列入蔓草类，吴其濬就把通脱木从蔓草中分出，列入山草类，纠正了李时珍的这一错误。他还在“冬葵”条中批评李时珍将当时人们已不喜食用的冬葵从菜部移入隰草类是错误的，并指出冬葵为百菜之主，直至清代在江西、湖南民间仍栽培供食用，湖南称冬寒菜，江西称蕲菜，因此他又将冬葵列入菜部。可见，吴其濬已突破历代本草学仅限于性味用途的描述，而着重于植物的形态、生态习性、产地及繁殖方式的描述，大大丰富了植物学的内容。

对这种边耕读边科研的生活，吴其濬非常沉醉，且看他为自己的梦想之园题写的对联：荒地十亩亦种奇花亦种菜，茅屋数间半藏农具半藏书。可惜，这种乐在其中的生活没过多久就被一场突如其来的山洪冲毁了。那年，百年不遇的山洪暴发，美丽的东墅园被洪水淹没，死里逃生的吴其濬心头的滋味呀，怎一个痛字了得！擦干痛心的泪，坚强的吴其濬带着仅存的一些干粮溯史河而上，进入大别山腹地考察水患的原因。知道吗？他又写出了《治淮上游论》！

科学研究唯实为上

吴其濬的科学思想，主要表现在他的科学研究方法上。和许许多多的科学家一样，他的科学研究方法也重点突出在“实”字上。

吴其濬十分重视实践，如他在编著《植物名实图考》的过程中，充分利用去各地巡视的条件，深入实地观察各种植物，采集标本，并绘出图谱，描述其形态和生长情况。有时因季节关系，某种标本未能得到，多年以后，他还耿耿于怀。例如卷六“油头菜”条下，他说：“余屡至，皆以深冬，山烧田菜，搜采少所得，至今耿耿。”吴其濬还将一些野生草本植物移栽盆中，观察其形态和生活习性等。他这种从实际出发的认真态度，在当时的学者中是非常难得的。

吴其濬通过实践充分认识到科学知识的来源，也认识到社会底层的劳动人民，如“牧竖”、“老圃”、“老农”、“与台”(差役)等在科学实践中的作用。《植物名实图考》中就记录了不少劳动人民的经验和丰富的植物知识。例如，他从“牧竖”那里了解到“蔽”有结实和不结实两种，结实的豆可食，不结实的茎叶可食。同属十字花科的芜菁、萝卜在《名医别录》为一类，以后有人以根叶强别。吴其濬说，《兼明书》不知其错误，为何不请教“老圃”？对于经过实地观察、访问，根据文献记载加以研究仍然不清楚的问题，他决不主观推测妄下结论，所以《植物名实图考》中出现了有图无文或无名，或只有图而无名无文，或一物数图未加注释的情况。这也是他存信存疑、不逞臆见的思想反映。另外在转引文献时，他不割裂原书文义，忠实于古文献原文，全部照录，注明出处。这些都反映了吴其濬治学方法的严谨。

值得一提的是，吴其濬的著作保持了"本草"精神，但它提供了一个比《本草纲目》更独立、更完整的植物世界，从而使阅读成为对草之本更加单纯的追思。《植物名实图考》和《植物名实图考长编》那种"格致"功夫所包含的用意，未必不是中国文人追思自然心情的自觉表现，难怪作家汪曾祺在放逐于荒漠时，行囊里就有这本书，难怪他说于寂寞的夜晚读那些古典时代的植物，读出了无限的人生味道，难怪他成了吴其濬在20世纪的一个知音。

吴状元名满天下

一个醉心大自然的文人，一腔迷恋植物王国的热情，一份对科学研究的痴迷。吴其濬，他无愧于植物学家的称号，但回过头来看看他的成长环境，你会发现他还有一个更让人钦佩的名号：清朝河南唯一的状元郎。

其实呀，吴其濬的父母也担心他天天醉心在花花草草间荒废学业，毕竟他们家是固始四大家族之一，毕竟他们家世代官宦，他父亲可是一心指望儿子能够走上仕途之路而光宗耀祖的。吴其濬是个孝子，又非常聪明，并不惧怕学习背诵那些枯燥无味的八股文章。1810年，21岁的吴其濬参加全省大会考名列前茅，成为举人。又过了7年，他进京参加了全国的殿试，并且金榜题名中了状元，随即被任命为翰林院修撰官。这下，他的父母吃了一颗定心丸，不再干涉他研究植物了。

吴其濬宦迹半天下，每到一处，他都一面为朝廷做事，一面进行自己的植物学研究。他白天处理公事，夜晚伏案写作，积劳成疾，终于病倒。为完成自己的梦想，他上书皇帝，请求辞官，获准后马上全身心地投入到了著书写作中。

吴其濬要做的事太多了，他的病也越来越重，没办法，有些植物，自己从未见过实物，没有亲自观察过、闻过、摸过，只得从别的书里转绘下来。58岁那年，他在遗憾中永远地离开了无比热爱的大自然，离开了他无比向往的五光十色的植物世界。

很幸运，山西巡抚陆应谷对吴其濬的才学很是敬佩，他决心完成吴其濬的遗愿，承担起整理遗稿的重任。经过两年的努力，他终于实现了吴其濬的愿望，一部中国19世纪重要的植物学专著——《植物名实图考》出版了，吴状元由此名满天下。

张 謇：一人影响一座城

人物档案

张謇(1853~1926)，字季直，号啬庵，江苏南通人，清光绪状元，中国棉纺织领域早期开拓者，实业家、教育家。

2010年，人们把关注的目光投向上海，那里正举办着一场影响世界的盛会——世博会。

因为上海世博会，人们想起了那个41岁及第的海门"四先生"，同时也想到了中国近代第一城——南通。

他叫张謇，中国世博实业第一人，他一生创办了20多个企业、370多所学校。其中创办通海垦牧公司的场景异常壮观：在100多年前的江苏沿海滩涂上，张謇组织海门10万大军肩挑手推围海造田，好一幅千里垦荒图！在第五届张謇国际学术研讨会上，专家学者们的研究成果表明，张謇在江苏沿海的围海造田工程，对江苏各地的滩涂开发有重要示范作用，而江苏海门则成为"中国近代垦牧第一滩"。

从办工厂到开农垦，从发展交通到兴修水利，再到大办教育，瞧，张状元的"实业救国"产业链拉开了……

41岁的状元

张謇的状元来得太不易了。他很小的时候，就背负上"家族希望之星"的重任。那还是他处于启蒙教育阶段的时候，有一天，老师见门外有人骑白马走过，脱口而出："人骑白马门前过。"但一时想不起下联，便让学生应对。张謇沉吟道："我踏金鳌海上来。"老师一听大喜过望，逢人便夸张謇志向远大。从此，张謇就成了家族的希望之星。

但张謇考运着实不佳，中举后连续4次参加会试，却次次落第，一气之下，他砸碎应考用具，发誓再不进考场。

可是，1894年那个特殊的年份还是让张謇的誓言落空了。那一年新年刚过，朝廷特开恩科会试的消息传到南通，张謇76岁的老父亲无比激动，他连哄带劝地动员儿子："儿啊，赶考固然辛苦，可你毕竟还年轻，张家光宗耀祖就靠你了，你就再试一把吧！”望着父亲的白发，落榜专业户的心软了：“算了，为了父亲，再考一次！”一路磨磨蹭蹭，一路浮想联翩，张謇终于在开考前一刻赶到了京城。仓促入场，仓促考完，谁料竟然考中第60名贡生，后在礼部复试又被取中一等第10名，获得殿试资格。

“哇塞，我怎会有这样好的运气！”从16岁考中秀才，25年了，还是第一次离状元这样近，张謇怎能不激动？这样好的运气当然不会没来由，皇帝的老师翁同龢看上的人当然得蟾宫折桂！张謇是1882年进入翁老视野的，那一年，朝鲜发生“壬午兵变”，中日两国分别派兵入朝。入朝清军由吴长庆率领，张謇时任吴长庆的首席幕僚。面对乱局，张謇为吴长庆起草了《条陈朝鲜事宜疏》，并撰写《善后六策》等报告，旗帜鲜明地主张采取强硬的政策。这些报告先是在他的同僚间传阅，很快满京城都知道了，清议首领潘祖荫、翁同龢立即表态支持文章观点。

正是这份慕名之缘成就了张謇的状元梦。得知自己成为国家公务员的那一刻，张謇的心情特别复杂。而喜讯传到家乡，他的父亲喜极而亡，按清朝规矩，他得回家守制3年。

“下海”遭涮

那天，张謇随文武大臣去迎接从颐和园回宫的慈禧太后，恰逢暴雨，路面积水一两尺深，文武百官一个个匍匐路旁，衣帽尽湿，其中有不少七八十岁的老臣，而慈禧乘轿子经过时，连轿帘也没掀一下。这件事给张謇很大震撼，让他心寒，退隐之意顿生。

不做官，又能做什么？在乡间小路上，面对朝日夕阳，张謇苦苦地思索着。

1894年，甲午战争爆发，次年，中国与日本签订丧权辱国的《马关条约》。这个消息传到南通，张謇对腐败的满清王朝更加失望。他认为，一个有头脑的知识分子，就应当投身实业，以拯国家于危难，救百姓于水火。所以，他决心在家乡开办工厂。在给翰林院的辞职书中，他明确表示：“愿成一分一毫有用之事，不愿居八命九命可耻之官！”你还别说，状元的名头还真管用，张謇把辞职信一交，就被洋务派代表人物两江总督张之洞盯上了。

应张之洞邀请，张謇两次前往衙署长谈，二张一拍即合。1895年12月，张之洞正式邀请张謇总理通海一带商务。这意味着，张謇“下海”还带着公务员身份的“救生圈”。

知识分子就是有眼光，张謇将自己的“下海”地选在了家乡，开发项目在特产“棉花”上做文章，即办棉纺厂。

这里我先给大家介绍一下南通的棉花和南通人的纺织技术。南通濒江临海，交通便利，气候适宜，无霜期长，是传统的产棉区。这里的棉花不但产量高，而且质地洁白，纤维长，富有弹性，以“沙花”闻名天下。同时，当地农民具有纺纱织布的传统技术，他们织的“通州大布”在市面上极受欢迎。

说干就干，张謇在唐家闸选定厂址后，为纱厂取名“大生”，“大生”二字源自

《易·系辞传》"天地之大德曰生"。状元经商,就像秀才带兵,听着就不怎么靠谱。张状元的热情和决心没啥说的,策划书更是"冈冈的",但和精明的商人打交道,凭空想加入企业家的队伍,还真不容易。瞧,刚出手,使绊的就来了。

(一)"鹤芝变相"

大生纱厂初创时,包括张謇的老朋友沈敬夫在内,只有6个布商和买办愿意集股办厂,分为"沪董(潘鹤琴、郭茂芝)"和"通董"。"通董"比较实在,纱厂选址不久,沈敬夫等人就开始垫资建房,但"沪董"的资金却迟迟不到位。没办法,张謇盯上了张之洞大办纺织时留在上海的一批美国产纺织机,与上海招商局督办盛宣怀一人一半,作价25万两白银,作为官股投入。但"沪董"借口此事,集体打起退堂鼓。

(二)"桂杏空心"

官股到位,25万两商股却迟迟没有募齐。江宁布政使桂嵩庆曾许诺出资六七万两,盛宣怀(号杏荪)在分领官机的时候也曾答应筹资,双方还订有合约。但是大生纱厂动工后,桂嵩庆答应的钱屡催不应,盛宣怀也开始支支吾吾。特别可恨的是盛宣怀,张謇到沪催款,他佯称正在筹集,要张謇为他写字题词。张謇这个老实人信以为真,不辞劳苦,写字两月。状元书画还是挺畅销的,盛宣怀总计卖得两万多元。可到了最后,这家伙仍是一毛不拔,气得张謇恨不得当场跳楼。

(三)"水草藏毒"

1899年试生产时,大生纱厂仅有数万两运营资金,甚至没有资金购买棉花。情急之下,半个月内,张謇给两江总督刘坤一连发5封信,乞求以少量地方公款救燃眉之急。刘坤一指示汪树堂将存在典当行的地方公款转存到纱厂,以应急用。对于汪树堂来说,这只是举手之劳。可汪树堂却故意刁难,甚至煽动乡绅秀才发难,差点让纱厂被地方民众纵火烧掉。

(四)"幼子垂涎"

遭到汪树堂刁难后,张謇再次来到上海,一连奔走了两个月,却连一分钱也没借到,急得嘴上起泡,双眼红肿。看他确实走投无路,一位上海朋友出主意,让他先把工厂租给别人,几年后再收回,这样工厂还是自己的,租金可以作为流动资金。这是个不是办法的办法,但张謇还是接受了。可是接连来了几个大商人,都拼命把租金往下压。特别是浙江候补道朱幼鸿、盐务督销严筱舫公然表示,只要张謇答应,个人好处大大的有。张謇大怒:"难道我也是货物,可以花钱收买吗!"在上海盘桓多日,连路费都用完了,无奈中张謇只得在报纸上登广告,在马路旁卖字3天。状元经商,狼狈至此,让张謇备感世态炎凉,人情冷暖。

艰难的第一桶金

一个又一个磨难,张謇用超人的耐力承受着、隐忍着。是呀,市侩小人的冷嘲热讽,油滑官吏的阴阳怪调,无耻文人的无端侮辱……所有这些,比起实业救国的梦想,算得了什么!苍天有眼,天道酬勤。1899年5月23日,经过44个月漫长的筹备,大生纱厂终于正式开机。2万纱锭只开足了9000锭,之后又到国外买了机器零部件,5个月后才开到1.44万锭。不少人都在捂着嘴偷着乐,等着看大生纱厂的笑话。但人算不如天算,随后的几个月,棉纱行市大涨,洋纱供不应求,大生纱厂的优势开始显现。就这样,张謇的纱厂在动议的第五年,出纱的第一年,终于抹去了账面的赤字,在支付了官股、商股的4万多两官利后,还有近8万两余利。

大生纱厂开机,47岁的张謇内心自然很激动。要知道,这是中国人最早的自办纱厂之一,在大生纱厂筹办之初,全国商办的机器纱厂不过寥寥几家,到大生纱厂开机时也只有七八家,集中在上海、杭州、宁波、苏州一带。大生纱厂终于活了下来,并且艰难地挖到了第一桶金,张謇脸上的愁云自然消散了,但他一直不能忘怀刚"下海"时经历的磨难,特地请人将"鹤芝变相"、"桂杏空心"、"水草藏毒"、"幼子垂涎"绘制成四幅"厂儆图",挂在厂内公事厅东西两侧,以示警戒。

值得一提的是,张謇筹措购买棉花的资金时,他夫人连首饰都卖掉了,而办厂五六年来,他的家人从没在厂里支过一文钱。

拉开产业链

困难和挫折锻炼着张謇的意志,也激励着他向更加宏伟的目标前进。他想,纱厂纺纱缺不了棉花,棉花需要花钱收购,而随着棉纱的畅销,棉花的价格也在天天上涨,更何况日本的厂家也到这一带来收购棉花……如果我们有自己的棉田,不就可以不受棉花市场的牵制了吗?想到此,张謇毅然决定,建立一个垦牧公司,把沿海的荒滩改造成棉田,自己种棉花自己用!他与几位老朋友商量后,前往南京拜访两江总督刘坤一,要求将沿海荒弃的滩涂划给他们办个农牧垦殖场,使工商农牧形成一个系统。刘坤一当即表示支持,让张謇以他的名义写一份奏章给朝廷。这份奏章很快得到朝廷的批复,1900年9月,通海垦牧公司正式开始筹备。

1901年3月,通海垦牧公司的章程经过七易其稿终于确定下来。一些本来无地和少田的农民,听说张状元开办垦牧公司,管吃管住,还给工钱,大家奔走相告,纷纷前来报名,加上张謇到上海招募来的失业游民,一下子就有了两三千人。他们先在海滩上筑堤垒坝,防止海水浸漫土地。一个多月下来,海滩上竟出现了一道石砌的长城!经过一秋一冬的劳作,1902年春天,垦区各处都长出了嫩绿的青草。

个别碱性大的地段,工人们便开渠引水冲洗,改造土质。夏天到了,牧草、芦苇渐渐长大,工人们又弄来一些牛羊放牧喂养。秋天来了,芦花开了,牧草黄了,牛羊居然长得又肥又大……经过几年的开垦和建设,通海垦牧公司已经初具规模。昔日的荒滩,有9万多亩变成了良田,年产棉花多达四五万担。他们以堤划区,各堤之间都建有居室和厅堂。储物有仓库,吃菜有园圃,工人有成排的宿舍。买东西也很方便,离宿舍不远就是市场。出门有路有桥,交通十分便利。特别是每年收获的那堆积如山的棉花，使大生纱厂的原料供应得到了可靠的保证。不常出门的人到了这里，几乎以为自己是真的进了桃花源。

这确是中国大地上前所未有过的景况。

张謇常常说：一个人办一个县的事，要有一省的眼光；办一省的事，要有一国的眼光；而办一国的事，就要有世界的眼光。这种思想，自始至终贯穿在他兴办实业的过程中。他从来就不满足于现有的事业，一直在不断扩展事业的规模。1904年，他利用大生纱厂的赢利和新入股的资金，投资63万两白银，增添纱锭2.4万枚，所用的机器设备等也逐步加以更新。就这样，到1913年，大生纱厂已经拥有200万两白银、6.7万枚纱锭。

除了兴办通海垦牧公司，张謇还以棉纺织业为中心带动了其他行业的发展。1906年，张謇为了解决纺织机器设备的维修制造困难，开办了资生铁冶公司，广生榨油公司、大隆肥皂公司、吕四盐业公司、镇江铅笔公司、大达轮船公司、江浙渔业公司等也接连兴办起来，到第一次世界大战前夕，张謇已兴办各类企业二三十个，形成了一个以轻纺工业为核心的产业集群、一个在东南沿海地区独占鳌头的新兴的民族资本集团。

许　璇：
农经学先驱颇有“园丁范儿”

人物档案

许璇（1876~1934），字叔玑，浙江瑞安人，著名农学家、农业教育家、农业经济学科之先驱。

每年的9月10日是教师节，在此，我要感谢所有为蒙昧拓荒的教师们，许璇就是其中的一位。

许璇何许人也？京师大学农科教授兼农场场长、北京农业专门学校校长、浙江农业专门学校校长、中华农学会会长……这些个头衔叠加到最后，就是著名农学家、农业教育家、农业经济学科之先驱。

所以，当笔触在充满感恩情怀的9月穿越时空探伸到许璇的时候，我的心震撼了：那是怎样的一个充满忧患的世界！那是怎样的一腔重农爱教的激情！

生于忧患　专注农业教育

在江南古城瑞安，有一条邮电路，它的前身是瑞安老城区的一条主河道——西河。清同治年间（1862~1874），在临西河的渔篁街，有一座非常有名的酿酒坊，名叫太和酒坊。西河河水清幽幽，不及太和一壶酒。酒坊主人许太和不仅酒酿得好，而且养育的5个儿子也相当出色，有“太和五杰”之美誉。

许璇是许太和的次子，他生活的时代，正值光绪即位，两宫垂帘听政，内忧外患纷至沓来。他19岁时甲午战争爆发，23岁时戊戌变法发生，谭嗣同等六君子罹难。许璇愤而放弃一生俸禄，改习新学，入上海南洋公学，以后又留学日本，矢志攻研农学。辛亥革命后，他38岁，回国投身农业教育事业。其间适逢袁世凯帝制失败、北洋军阀混战、五四运动、国民革命军北伐以及九一八事变、“一·二八”事变，炮火连天，国无宁日。

和许许多多的教师一样，许璇在治学上是非常严谨的。他出任北京大学农科教授时，还担任农场场长，当时农科师资缺乏，他因任行政职务，责任所迫，不得已时曾兼授畜牧学、地质学、气象学等，都认真备课，从不马虎。有一次他竟向梁希借《养蜂学》备课，其实他是有相当基础的。

战乱频繁，时而直军占领丰台，时而奉军攻打卢沟桥。学校设在阜成门外，许璇家在城内。时局动荡，他全然不顾，住在学校每天除了教课就是备课，枪声炮声，听而不闻，备烛开夜车更是家常便饭。据梁希和他的学生汤惠荪回忆，无论是在北京大学还是在浙江大学，校舍里每晚一两点钟，总能看见许璇的窗下还亮着灯光，走进去一瞧，满地烟头。

20多年间，许璇走南闯北，无非是为了争取多做一点学问，多教几个学生。许璇主讲的农业经济学，既要追溯中国历史渊源，又要参照国外的实际情况，必须有大量资料数据为证，而当时的中国还没开过这门课，收集和整理数据资料难度极大，但他没有被困难所吓倒，而是想方设法完成。瞧瞧，他的星期日全家总动员开始了：许璇一声令下，儿孙齐上阵，搬出一大堆书籍资料，霎时，翻书声、算数声、探讨声交织在一起，许家俨然成了一个小型研讨会现场。

正是有着这样的工作激情，许璇的学术成绩斐然：开农业经济学科，著就《粮食问题》和《农业经济学》。其中《粮食问题》1935年由商务印书馆出版，约15万字，首先从人口问题论起，然后为粮食之生产、粮食之自给、农业关税、粮食编制，最后论述战时之粮食统制问题。《农业经济学》分十一章，一、二章分述农业经济学的定义、范围、地位及发展；三、四章说农业经济特性与世界各国农业情况的变迁；五至十一章属各论，分别论述农业土地、农业经营、自耕农及佃农、农产物价、农业机械、农业金融及农业关税。

“一代宗师”菩萨心肠

群众的眼睛是雪亮的，许璇为我国农业科学与农业高等教育的建设与发展作出的卓越贡献，业内人士和众多学者敬佩之至，遂将“一代宗师”的美誉送给了他。

“一代宗师”不仅在业界声望颇高，而且还是农民兄弟的贴心人。许璇注重农业生产实践，提倡熔学术、教育与农村事业于一炉的办学方针。他说：凡讲求农业经济者，宜外察世界经济之潮流，内审本国农业之状况，研求关于农业经济学之原理及法则，以资实地应用。1927年任浙江农业专门学校教授和1932年任浙江大学农学院院长期间，许璇首创植物园，开辟果树园，整顿临平实习农场和湘湖农场，扩充校内农场、林场、园艺场、畜牧场的规模和设备，并在杭州设立了浙江大学农学院农业推广部。

与此同时，许璇还兴办农村小学，创建浙江省农民银行并兼任筹办主任，主办合作指导人员养成所，将农学院备用款项贷给附近农民作耕作之资，派学生帮助指导，使农民生活得到改善，被赞为菩萨心肠。

“火腿系”事件

许璇为人，刚直不阿，讲求人品气节，不畏强暴。他任北京农业专科学校校长期间，恰是北洋军阀混战之际，他的一个上司专横跋扈，且吸食鸦片，学校教职员工鄙其为人，联名请予罢免，未果。许璇乃自动辞职。不久，该上司离去，许璇复任校长，谁想没过多久，张作霖执政，这个人又上台，许璇愤然离开，南下杭州任浙江第三中山大学农学院教授兼农村社会系主任。

后来，该校改为浙江大学后，许璇任农学院院长。而正当浙江大学改建的时候，上方以“当地特产火腿，应加强改进”为由，要求农学院设立“火腿系”，许璇未予置理，上方就责其抗命，许璇愤而辞职。当时，学校所在地览桥一带的农民，数百人争相送别。

令人称快的是，许璇辞职后，校方委派林学家梁希继任院长，殊不知梁希同许璇是至交，观点一致，梁希也拒不接受，同院教授金善宝、蔡邦华等60余人群起支援，一并离开浙江大学。这就是当年农学界有名的“火腿系”事件。

拒洋商要挟

1928年，许璇兼任中华农学会会长时，与德商爱礼司洋行在上海合办农业试验所，并附设农事试验场，从事化肥肥效对比等试验。双方定的合作条件是：德商提供图书、仪器及每年经费官银1000两，学会提供技术人员，并由会长许璇亲任所长。

农业试验所开办两年，成效显著，尤其对爱礼司洋行所产“狮马”牌肥田粉在中国推广起了很大的宣传作用。尝到甜头的德商不但不知足，反而想一步步吞食胜利的果实——德商竟提出要直接派人参加农学会理事会，并兼会计。这分明是要挟！许璇认为这是在侵犯我国学术团体的自主权，于是断然拒绝，试验工作只得告停。

永留风范在人间

治学，务实严谨；为人，刚正不阿。这就是农学界“一代宗师”许璇的师者风范。名教授黄枯桐说，当年他常和许璇讨论问题，他认为在教育界尤其是大学里，只能用学术决不可施权术。所以当年许璇辞浙江大学农学院院长时，他也一同“挂冠”而去。可是有一次，在南通召开的中华农学会执委会上，他们两人的意见恰恰相反，彼此争论，声色俱厉。不过，一到讨论终了、议出结果时，许璇却笑嘻嘻地对他说：“你们广东先生，确实富于革命精神，哈哈。”

出身于世代书香之家，让许璇颇具诗人气质，而他也的的确确是个优秀的诗人，极富感情，爱学生、爱农民、爱校园内外的山山水水。有一次，梁希离京南归，两人依依不舍，于是互相吟咏赋别，许璇赠梁希的《虞美人》词传誉一时："人间富贵皆空土，努力知何补？斜阳身世两茫茫，往事不堪回首骆驼庄。清风明月今犹在，只是朱颜改，问君何日再归来，相伴一樽话旧钓鱼台。"

1933年许璇重返北平大学农学院，正值九一八事变与"一·二八"事变硝烟滚滚、北京"一二·九"运动前夕。他全然不顾这些，而是在繁忙的教学工作之余，着手整理《粮食问题》讲稿。他患有高血压，由于每天工作超过18个小时，且长期废寝忘食，血压"噌噌噌"往上升，高逾200，医生屡屡规劝，他依然笔耕不辍。当写完"故中国为备战计，宜早振兴垦务，更宜于肥料及农具之补充，三致意焉"等结语时，他突发脑溢血，猝死案头。

春蚕到死丝方尽，蜡炬成灰泪始干。从许璇身上，我看到了生生不息的红烛精神，他为农业教育鞠躬尽瘁的风范永留人间。

过探先：
耕耘在希望的田野上

又到了棉花收购的季节，我不由得想到那首描写棉花成熟待摘景象的《咏棉》诗来："朵朵棉花金灿灿，恰似娇娘美服扮。棉桃碧绿如宝石，花朵绽开星烁闪。"

吟咏着这首诗，我的思绪飞到了20世纪20年代南京洪武门外那块一望无垠的茫茫棉田，我仿佛看到一位身着长衫、目光炯炯有神的学者正从棉田深处走来，他，就是我国现代农业教育和棉花育种事业的开拓者——过探先。

人物档案

过探先（1886~1929），江苏省无锡县八士桥镇人，著名农业教育家、棉花育种家和造林事业的先驱者。

深怀爱国之心

20世纪20年代，过探先创办东南大学农科和金陵大学农林科，造就了一批我国早期的农林科技教育人才，为中国早期的农业发展倾注了心血和汗水。尤其是在开创江苏省教育团公有林、建立植棉总场和开拓我国棉花育种工作方面，他作出了很大贡献。

清光绪十二年(1886年)，过探先生于江苏省无锡县八士桥镇，因为父亲早逝，他的童年非常不幸，但他的母亲对他管得特别严，在读书上更是毫不含糊。在母亲的严厉管教下，聪慧过人的过探先9岁学完五经，13岁已能出口成章。

那时，科举还未废除，但过探先不溺于章句之学，而独喜科技艺术诸书，尤注意专门学术。22岁时，他考入上海中等商业学校，后改入苏州英文专修馆，专攻英文。1910年，25岁的过探先考取了美国威斯康星大学，后转入康奈尔大学，专攻农学。这一时期，他创办了中国科学社，开中国科学组织之先河。获学士学位后，他又以研究育种学的突出成绩，获硕士学位。

过探先特殊的家庭环境，使他从小就怀有报国之志，从农家子弟到国外留学生，从大学校长到育种专家，他时常把自己看做是农民的子孙，要在祖国希望的田野上耕耘、播种。

在梁启超商之本在工、工之本在农、非振兴农务则始基不立思想的影响下，过探先出国专攻农学，学成回国后，立志把自己的一生奉献给农业教育事业。

1915年，过探先学成回国，被江苏省当局任命为江苏省立第一农业学校校长。他在校5年，悉心整顿改革校务，建立起良好的学风和校风，学校声誉日隆，外省负笈来学者接踵而至。

1915年冬，过探先发起创设江苏省教育团公有林，中国近代大规模造林自此肇始。次年，过探先奉命筹备省立第一造林场，今天的南京中山陵园就是其中的一个区域。1917年初，他发起成立中华农学会，并将中国科学社由海外迁回南京，设临时办事处，苦心孤诣，独自撑持。

1921年，东南大学农科成立，过探先被聘为该校教授，旋又兼任农艺系主任，1923年复兼任农科副主任，1924年再兼任推广系主任，实现了科研、教学、推广三结合的理想，为东南大学今后的发展打下了坚实的基础。

1925年，过探先辞去东南大学教授职，改任金陵大学农林科主任。他在任的4年中，金陵大学农林科发展一日千里，教学、科研、推广事业均有很大发展，为我国农业科技界培养出众多著名的学者和专家，在海内外久负盛名。

短短十几年间，过探先为我国早期的高等农业教育作出了卓越的贡献，成为我国近代农业教育的奠基人和开拓者。

1928年，过探先又兼江苏农民银行总经理、教育部大学委员会委员、农矿部设计委员、中山陵园设计委员、国府禁烟会委员、江苏农矿厅农林事业推广委员会委员、中国科学社理事、中华农学会干事等职。怀着满腔的爱国热情，他将全部身心投入到了农林科技事业中。

回报脚下的土地

旧中国经济发展滞后，农业基础薄弱，贫苦大众缺衣少粮，生活物资极度匮乏，作为主要生产要素的棉花，生产技术落后，这让过探先心潮难平。

在担任江苏省立第一农业学校校长期间，过探先与新回国的林科主任陈嵘一致认为，林科师生为进行科研实习的需要，应有大面积的林场。他不辞辛苦，风尘仆仆，对南京周围无林荒山进行调查研究，终于在江浦境内觅得较为理想之地。考虑到学校财力不足，他就想由全省教育经费中抽出1%，作为联合开办林场之经费，这样既可把林场办起来，又能增值教育经费，一举两得。

1916年，江苏省教育团公有林终于诞生了，当年先设三区，后因工作需要，又增设一区，共为四区，每区面积约 5 万亩。

1919年，过探先应华商纱厂联合会之聘，主持棉产改良工作。考虑到我国新兴的纺织工业需要优质的原棉，而广大人民更需要衣被，他谢绝了全校师生的挽留，毅然辞去校长职务，专门从事棉花育种研究。他在南京洪武门外，选地建立棉场。引进新棉种后，他细心观察，谨慎选择，改良栽培，经过3年艰苦的田间劳作，才选出江阴白籽棉、孝感光子长绒棉、改良小花棉和后来以他的姓氏命名的过子棉。棉花育种的成功，有力地促进了我国新兴棉纺织业的发展，彻底解决了中国人民衣被依靠洋布的历史。

用知识改变历史

早在美国留学期间，过探先就与任鸿隽、胡适、茅以升、邹秉文等共同发起成立我国近代第一个民间综合性科学团体——中国科学社，并编辑学术刊物《科学》月刊。

回国后，为了解决中国科学社经费支出的困难，过探先在三牌楼自己的住宅中划出一间作为办公室。经过他初期的惨淡经营，后来中国科学社发展成为全国最有影响的学术团体。

1917年1月，过探先又与王舜臣、陈嵘、陆水范、梁希、邹秉文、许璇、孙恩麟等人共同发起组织成立中华农学会。初创时期，过探先利用自己的社会地位，不辞辛苦，在军阀混战、社会动乱中，千方百计维护、发展会员，开展学术活动，并为中华农学会创办《中华农学会报》，亲自为这个学术刊物写稿，使《中华农学会报》成为我国近代最有影响的农业期刊之一。

与此同时，过探先还利用工作的便利，鼓励国内规模较大的纺织企业与科研单位合作，实现共赢。如上海纺织工业界曾与东南大学和金陵大学合作，由企业提供科研经费，这种做法既推动了我国棉花品种改良事业，也促进了东南大学和金陵大学农业科学研究工作的发展。

过探先自美留学回国，一直为振兴我国农业和农业教育而超负荷地工作，由于劳累过度，年仅40就鬓发斑白，形容憔悴，终于积劳成疾，医治无效，于1929年3月23日遽然逝世，走完了他43年的短暂人生。

“每每原田，以农立国。画而不进，遂荒其殖。先生念之，奋起致力，造林植棉，科学组织，远近闻风，从者如鲫。一身病歼，鹏搏折翼，威仪俨然，披图太息。”这是蔡元培为过探先写的一段悼词，悼词中满是敬赏、痛惜之情，我们从中也可想见一位志气宏放、英年早逝的农业教育家的庄严形象。在这个收获的季节，让我们再次缅怀他。

李仪祉：关中“活龙王”

人物档案

李仪祉（1882~1938），原名协，字宜之，陕西蒲城人，著名水利学家和教育家，我国现代水利建设的先驱。

在关中平原东北部，有一个农业大县——蒲城，这里不仅是爱国将领杨虎城的老家，一代水圣、“活龙王”李仪祉也出生于此。

金秋时节，由李仪祉精心筹划的“关中八惠”再次使关中地区迎来了大丰收。瞧！泾惠渠碧波荡漾，两岸庄稼得水之灌溉，或绿意盈盈，或金黄灿灿，农人们在田间忙碌着……拾掇着玉米棒子，泾阳县40多岁的老杨动情地说：“关中的农业能这么发达，关中农民的生活能这样富裕，全赖李仪祉先生的功劳，关中老百姓永远不会忘记他。”

一家人四口　革命人两双

话说李仪祉的父亲李桐轩，是个紧跟时代脉搏的人，先是加入了同盟会，辛亥革命后曾任陕西省咨议局副局长、陕西省修史局总编纂、西安易俗社首任社长，还是个剧作家。

受李桐轩的影响，李仪祉的伯父李仲特的思想也不断进步，到底是学理的，脑瓜子就是聪明，这位数学家比弟弟组织号召能力更强，除了任川汉铁路工程师外，更是被推选为同盟会陕西分会会长。

李仪祉师从伯父，14岁时开始接触《九数通考》、《西学大成》等西方科技图书。他如饥似渴地学习着，废寝忘食再平常不过。17岁那年，李仪祉考中同州府第一名秀才，留下了“年少识算，气度大雅”的美名。次年他被推荐入陕西泾阳崇实书院读书，学习《天演论》等著作，期间写下了《权论》、《神道设教辟》等反封建作品。

1904年对李仪祉来说是不平凡的一年，这年，他与哥哥李约祉同被推荐入京师大学堂。临行前，父亲李桐轩挥毫作诗“人生自古谁无死，死于愚弱最可耻，雀鼠临迫能返齿，况有气性奇男子”，寄语他们要潜心学习，锤炼自己，学成后报效祖国。

当时，京汉铁路尚未修通，兄弟二人只好雇马车赶路，星月兼程地奔波了半个多月，直到山东才改乘火车赴京。经过考试，李仪祉以全优的成绩被预科德文班录取。这之后，他更加刻苦了，每次班里考试他都是名列前茅。随着知识的丰富，加上耳闻目睹满清政府的昏庸腐朽、帝国主义列强的入侵、中国人民饱经的忧患、资产阶级民主革命的风起云涌，他的心强烈地震颤着。李仪祉遂提笔给父亲写信讲自己未来的发展方向：“儿之志欲以哲学为终身之成名，以工学为平日之生计。”定下了奋斗目标和方向后，李仪祉发奋攻读，整整5个寒暑，他没有回过一次家。受父辈民主革命思想的熏陶，1906年，心中燃烧着忧国忧民、科学救国热情的李仪祉同哥哥一起加入了同盟会，就这样，这个关中蒲城的进步之家获得了“一家人四口，革命人两双”的赞誉。

求“郑白宏愿” 凿泾引渭

1909年，李仪祉从京师大学堂毕业了。这年7月，受西潼铁路筹备处的派遣，他毅然剪掉发辫，前往德国柏林工业大学土木工程科攻读铁路建设和水利学。

转眼到了假期，李仪祉约同学到柏林附近的巨人山水电站参观。他们徒步六七十里山路，走遍库区，翔实地考察了水库的建筑和水电站的各项设施。望着这现代化的水利工程，想起家乡井枯窖干的情景和父老乡亲求神祈雨的愁容，他感到身上肩负的重任：中国也有长江、黄河，家乡有渭河、洛河，为什么不能把这丰富的水资源加以利用，为民造福呢？他暗下决心：利用学到的知识，让中国铁路四通八达，水利工程遍布全国。

李仪祉追求理想的脚步是从家乡开始的。

约在公元前236年，秦国在关中建成了引泾灌溉工程——郑国渠，与四川都江堰、广西灵渠并称为秦代三大水利工程。郑国渠从泾阳县泾河峡谷出口张家山引水，渠长150公里，灌地4万余顷，亩收122.5公斤。汉武帝太始二年（前95年），赵中大夫白公，奏穿渠引泾水，首起阳谷，尾入栎阳，注渭，中袤200里，灌田4500余顷，此即白渠。郑白两渠使关中成为天府之国，一时间，《白渠谣》“且溉且粪，长我禾黍，衣食京师，亿万之口”传遍关中。

李仪祉就是想让家乡贫瘠久旱的土地享受到郑国渠和白渠的泽被，在经过一番跋山涉水的勘察测量后，一个凿泾引渭的设想在他的脑海中形成了——修建泾惠渠！其工程主要有三部分。一是在泾阳县张家山建混凝土滚水坝一座，坝高9米，长68米，基宽17米，顶宽4米。大坝可以将一部分泾水拦入引水渠。二是凿引水渠11230米。内有3座隧洞，最长的为359米。引水渠前段1800多米为石渠，后段为土渠，末端建有定沙池、退水冲沙闸和进水闸。三是在灌区修建灌溉渠道，干渠、支渠共370千米。

在那个兵荒马乱的年月，想做事实在是太难了！虽然李仪祉时任陕西省水利局局长、渭北水利工程局总工程师，但凿泾引渭工程宏大，需款巨大，当局哪有心思重视？凿泾引渭工程不得已搁置下来。1927年，李仪祉再次提议凿泾引渭。在他的据理力争下，当局勉强同意每月拨5万元支付工程开支。他组织人力在各地主要工地鸣炮开工，但由于经费等诸多原因，这项工程又陷入了绝境，李仪祉痛斥当局，愤然辞职，拂袖而去。

1928~1929年，陕西连遭大旱，关中各地被旱魔洗劫一空，其景惨不忍睹。李仪祉痛心长叹：移粟移民非救灾之道，亦非长治之策，郑白之沃，衣食之源也。

转眼到了1930年，李仪祉的同乡杨虎城督陕，在他的大力支持下，陕西省政府拨款40万元，李仪祉筹划多年的凿泾引渭工程终于在那年冬天破土动工。为了筹措工程款物，李仪祉再次亲赴京、津、沪等地，多方奔走呼号，博得了爱国人士的支持，其中华洋义赈会筹款40万元，美国檀香山华侨募捐15万元，朱子桥捐助水泥2万袋，使工程得以继续实施。

1932年夏，关中瘟疫流行，严重威胁着施工中的凿泾引渭工程。面对困局，李仪祉毅然决定动员民众，就地取材，保证工程按期进行。他亲自下乡，一面说服群众拆庙宇、交石碑，一面宣传防治传染病的方法。就这样，他又一次挽回了危局。

1932年6月21日，泾惠渠第一期工程竣工通水，可灌地50万亩。放水那天，泾河两岸人头攒动，村民们扶老携幼前来观看，还有许多人从西安、咸阳、三原、高陵等地赶来，盛况空前。1935年，泾惠渠第二期工程完工，扩灌至65万亩。农民连续两年获得大丰收，灌区内情况大变。人们喜气洋洋，无论男女老幼都穿上了新衣服。集市上百货充足，热闹非凡，最引人注目的是染坊晒布的木架，高耸入云，上面飘扬着各种颜色的土布，像旗帜一样。农家房屋均修葺一新，找不出旧时破烂痕迹。

泾惠渠竣工后，李仪祉集中精力继续实施他兴建“关中八惠”（泾惠渠、渭惠渠、洛惠渠、梅惠渠、黑惠渠、涝惠渠、沣惠渠、泔惠渠）的宏伟规划。此外，在陕南，他几经勘测视察后，亲自拟定了汉惠渠、褒惠渠、冷惠渠等渠的修建计划；在陕北，他设计了织女渠、定惠渠。至1938年，泾惠渠、渭惠渠、洛惠渠、梅惠渠四渠已初具规模，灌地180万亩，李仪祉的“郑白宏愿”初步实现了。

效大禹之业　治黄导淮

既然将水利作为终生事业，那就终生以治水为志。李仪祉是这么说的，更是这么做的。从事江河治导工程以来，他效大禹之业，治黄导淮，整治长江，足迹遍布祖国的江河湖海。

1933年，李仪祉奉命筹设黄河水利委员会，并出任第一任委员长。8月，黄河决口，淹没了50多个县，亲赴灾区的李仪祉看到被洪水淹没的屋舍、农田和衣不蔽体、呻吟道旁的灾民，心痛不已。国民政府在南京成立了黄河水灾救济会，他积极组织抗洪抢险，救济灾民。1934年，他长途跋涉，到黄河上游考察。同年，黄河在贯台决口，他奉命加修金堤。另外，这两年他还巡查了沁河、不牢河、微山湖，验收贯台堵口工程，督筑金堤。

马不停蹄的实地整治收到了良好的效果——泽被17省，人称“活龙王”，也让李仪祉形成了自己的治黄观点：第一，泥沙未减，本病未除，这击中了黄河为患之要害，指出土壤侵蚀、土随水去、形成泥沙是黄河的症结所在；第二，中上游不治，下游难安；第三，兴建水库，蓄洪减沙；第四，综合开发利用黄河。特别是在水土保持理论方面，他提出培植森林，防治河患。李仪祉认为森林有涵养水源、防治洪水之功能。他分析了黄河水沙情况，就中卫市以上而言，则黄河之水本不甚浊，森林之有益于河。中国洪水由于沿岸之山原无森林也。欲根本去水患，必自培植森林始。森林为治水唯一要道，森林植则水患从此息矣。吾国内地山谷之间，不适于农田旷地甚多，不植森林焉用之？故为国家生计，非大植森林不可。他的这些理论和观点，在今天仍有现实指导意义。

其实，李仪祉在治黄导淮期间也遇到了各种各样的阻力，孔祥熙迷信“金龙四大王”搜刮民财就是一例。1935年冬，孔祥熙同族孔祥榕任黄河水利委员会副委员长，主持堵口之事，为搜刮民财，凡大事裁决均取于占卜。对此，李仪祉气愤地说：以孔理财，以孔治水，水和财都要从那个孔中流出去了！李仪祉耻于同这样的人合作共事，毅然辞职回老家了。

培桃育李　水工泰斗美名扬

李仪祉把赴德留学学到的知识都用到了兴修祖国的水利工程上。除了亲力亲为，他更知道培养人才的重要性。他说：治理江河，兴修水利大业，首先要培养专门人才。1915年，李仪祉应清末状元、实业家、全国水利局总裁张謇的聘请，参与创办我国第一所高等水利学府——南京河海工程专门学校。办学初期，教材十分难找，校长许肇南主张直接用外国教材，用外语教学，李仪祉则主张编写中国教材。为此，李仪祉夜以继日，编写了《水功学》、《水力学》、《潮汐论》、《中国水利史》、《实用微积分》等教材。与此同时，他还把各地水利工程做成模型，进行直观教学。李仪祉在南京河海工程专门学校执教7年，培养了200多名我国现代水利事业骨干科技专家，其中包括宋希尚、沙玉清、汪胡桢等。之后，李仪祉又亲自筹建陕西水利道路传习所、陕西水利专修班等，为近代水利教育事业做了大量拓荒性的工作。

李仪祉几乎利用了所有的业余时间，潜心钻研理论，总结实践经验，相继撰写了200余篇论文，翻译过多种国外的水利著作，编纂出版了多种水利书籍。他在各类文章中，创造确定了一大批水利专业术语，首次给水利和水利工程下了定义，即水利为兴利除患事业，凡利用水以生利者为兴利事业，凡防止水之为害者为除患事业，水利工程包括防洪、排水、灌溉、水力、水道、给水、河渠、港工8种工程在内。

1931年，李仪祉倡导成立了中国水利工程学会，这就是中国水利学会的前身。众望所归，李仪祉被推举为首位会长，后又任历届会长，直到去世。在担任中国水利工程学会会长期间，李仪祉主持创办了会刊《水利学报》，以此广泛传播水利科技。

值得一提的是，李仪祉还是系统引入西方先进水利科学技术并将其应用于水利实践的第一人。在他留学德国时，德国的水利科技特别是在水工试验方面的研究已发展得比较成熟。后来，李仪祉回国后提出以科学从事河工之必要的观点。他用科学的观点精辟地剖析了中国古代治水经验，指出：测验之术未精，治导之原理不明，是以耗多而功鲜，幸成而卒败。没有科学的理论作指导，缺少定量的测验和计算，这正是古代治河技术的根本弱点，而科学的理论指导、定量的测验和计算恰恰是西方新兴水利科技的基本特点。

于是，李仪祉首先对黄河全流域进行了测量。然后，他委托德国专家做了黄河模型试验，使治导工作有了可靠的依据。为了不永远依赖外国，李仪祉于1916年9月在南京河海工程专门学校创建了我国第一所水力实验室，于1935年在天津创建了我国第一个水工实验所，倡导理论与实践相结合的研究方法，不遗余力地推广水工试验技术。

求"郑白宏愿"，兴修水利，惠泽桑梓；效大禹之业，治河惠民，水工泰斗美名扬。李仪祉用毕生精力致力于水利事业，得到了世人的敬仰。如今，李仪祉的远大抱负一一付诸实施，我想，"关中八惠"带来的富饶景象应可告慰李先生的英灵了。

丁　颖：
稻作一生　至真至诚

2010年10月14日，是中国稻作科学之父、中国科学院院士丁颖逝世46周年祭日。深秋的风中，一位头戴白通帽、身穿旧唐装、脚蹬旧皮鞋的“老农”伴着稻香信步走来，那不正是喜欢别人称自己为“丁师傅”的丁教授吗？没错，就是他，因为除了稻香，我更感受到了浓郁的大家之风——世界上第一个通过杂交而把野生稻抵抗恶劣环境的基因转移到栽培稻，培育出世界第一株“千粒穗”类型，第一个系统科学地论证中国水稻起源的演变……在农学界的卓越成就，使他成为中国稻作学的主要奠基人，被誉为中国稻作科学之父。

其实，丁师傅“为天下苍生做稻粱谋”的种子在他的青年时代就播下了。

人物档案

丁颖（1888~1964），号竹铭，广东高州人，农学家，著有《中国水稻品种的生态类型及其与生产发展的关系》、《中国栽培稻种的起源及其演变》等。

当为农夫温饱尽责尽力

时间：1910年5月。

地点：广东高州中学。

不知不觉，在高州中学的学习生涯就要结束了，同窗三载，离别时自然要聚聚。

瞧，丁颖班的毕业同学会正开得热火朝天，同学们群情激昂地讨论时事，各执己见。蓦地，一位清秀的同学站了起来，大家安静下来，目光纷纷投向他，他坚定的话语掷地有声：“诸君！当今之血性青年，当为农夫温饱尽责尽力，我决意报考农科。”一阵短暂的沉默之后，雷鸣般的掌声经久不息……发言的同学不是别人，正是丁颖！从私塾童蒙书馆考上县城的洋学堂——高州中学以后，丁颖的眼界得到了极大开阔。入学后，他积极参加了新高学社，与志同道合的同学们一起讨论时政，教室里，寝室中，林荫道上，校园的角角落落都留下了他和同学们热烈讨论的场景。

丁颖永远忘不了父亲以及无数个像父亲一样的农民面朝黄土背朝天的辛苦耕作，更忘不了父亲含辛茹苦，举债送自己上学，让自己成为丁家的第一个读书人的种种艰辛。背负着家庭的期望，丁颖分外珍惜难得的求学机会，他立下誓言：以科学救国为此生夙愿。

在理想的召唤下，丁颖努力地学习着。在广东高等师范学校博物科学习一年后，他便以优异的成绩考取了公费留学日本。1912年9月，丁颖入东京第一高等学校预科学习日语，1914年6月曾一度回国，后又考取日本熊本第五高等学校继续学业。1919年毕业时，适逢五四运动，东京留学生为声援祖国学生运动上街游行示威受到日本军警血腥镇压，丁颖气愤之余，毅然回国。

但是，国内的境况并非一腔热情就能改变的，目睹着官场的贪污腐败、徇私舞弊及种种社会顽疾，丁颖深感不深造就难以实现科学救国之夙愿，遂于1921年4月第三次赴日，考进东京帝国大学农学院攻读农艺，成为该校第一位研修稻作学的中国留学生。

以蚂蚁爬行的方式苦干到150岁

时间：1926年。

地点：广州东郊。

三次赴日，丁颖前后奋斗了11个春秋。学成回国，他在广东大学农科学院任教。在完成教学任务的同时，他写出了《改良广东稻作计划书》和《救荒方法计划书》，建议政府每年拨出1%的洋米进口税作为稻米科研经费，但都石沉大海了。面对此，丁颖没有气馁，他决心立足现实，以蚂蚁爬行的方式苦干到150岁。

1926年的一天，丁颖头戴草帽，在广州东郊的田间地头顾盼徘徊，他东瞅瞅，西看看……“野生稻！”忽然，他按捺不住心头的喜悦，激动地叫了起来。

发现野生稻后，丁颖马上开始查证资料，提出我国是栽培稻种的原产地的论点，首创把水稻划分为籼、粳两个品种，并运用生态学观点，按籼—粳、晚—早、水—陆、粘—糯的层次对栽培稻种进行了分类。经过大量试验，他首次用野生稻与农家稻种杂交育成了优良品种“中山1号”。

为补充科研经费，丁颖拿出了自己的部分工资积蓄，在茂名县公馆圩筹建了我国第一个稻作专业研究机构——南路稻作育种场。随后，他又用卖青草、预售良种等方法解决经费困难问题，先后增设了石牌稻作试验总场和虎门（沙田）、东江（梅县）、北江（曲江）等稻作试验分场。不幸的是，日军侵入广州后，这些科研基地除南路稻作育种场外，均遭浩劫。

令人欣慰的是，侵略者的炮火没有挡住科研的步伐，在发现野生稻10年之后，丁颖用印度野生稻与广东农家栽培稻杂交，获得了世界第一株“千粒穗”，一穗达1400多粒，这项成果当时轰动了东南亚稻作科学界。

真诚的科学工作者就是真诚的劳动者

时间:1963年。

地点:西北稻区。

1963年,丁颖已是75岁的老人,作为中国农业科学院院长这样的部级高官,在考察西北稻区时,他仍坚持赤足下田,体察雪水灌溉对稻根生育的影响。他说:真诚的科学工作者就是真诚的劳动者。长期的风吹日晒,使丁颖在衣着、肤色、生活上都与普通农夫无异。而事实上,丁颖从来都认为自己是一个农夫,一个真诚的劳动者。

丁颖的这份真诚还体现在治学的严谨、求真、务实上。拿《中国栽培稻种的起源及其演变》一文来说,自1926年在广州发现野生稻之日起,他就开始思索,并陆续征询了历史学、文字学、人类学、分类学专家的意见,直至1957年才最后定稿。《农业科学为农业生产服务》一文也经过10次修改后才交稿,就连校对他也亲力亲为。

在"大跃进"浮夸成风的年代里,丁颖不随波逐流,他对"高密度植高产"的提法深表疑虑,认为搞一亩或几分地的探索是允许的,大面积搞得慎重考虑。他曾语重心长地说:切勿忘记农民的地皮是连着肚皮的。

说来你可能不信,丁颖的大家风范还感动过匪徒呢!那是中山大学迁校期间,他是农学院院长,经常夹着鼓鼓囊囊的公文包往来于农学院和校本部之间的山区。一次他遭到匪徒打劫,广东省政府为此给他赔偿损失,他分文不留,如数交给农学院购买兽药为农民防治牛瘟。这事匪徒听说后,亦受感动,自觉地把抢劫之衣物寄还给了丁颖,并附上道歉信。

为天下苍生做稻粱谋,丁颖做到了至真至诚。

张巨伯：此生只为“昆虫记”

人物档案

张巨伯（1892~1951），原名钜伯，别号归农，广东高鹤人，著名农业昆虫学家、农业教育家。

“在我很小很小的时候，我已经有一种与自然界的事物接近的感觉。如果你认为我的这种喜欢观察植物和昆虫的性格是从我的祖先那里遗传下来的，那简直是一个天大的笑话，因为，我的祖先们都是没有受过教育的乡下佬，对其他的东西都一无所知。他们唯一知道和关心的，就是他们自己养的牛和羊。在我的祖父辈之中，只有一个人翻过书本，甚至就连他对于字母的拼法在我看来也是十分不可信的。至于如果要说到我曾经受过什么专门的训练，那就更谈不上了，从小就没有老师教过我，更没有指导者，而且也常常没有什么书可看。不过，我只是朝着我眼前的一个目标不停地走，这个目标就是有朝一日在昆虫的历史上，多少加上几页我对昆虫的见解。”

读着这段话，你是否感觉似曾相识？对，这是法国杰出昆虫学家法布尔的传世佳作《昆虫记》的开篇。读着这段话，你是否对那个色彩斑斓的昆虫世界充满好奇？其实，在我们中国，也有一位倾注毕生时间和精力致力于昆虫学的科学家。和法布尔不同的是，他除了尊重昆虫的生命，更利用对昆虫世界的研究为人类造福。他叫张巨伯，曾首先用试验的方法在田间研究农业害虫问题，曾参与组织我国早期害虫防治专业行政机构，曾创办“六足学会”，曾任国际昆虫学会副主席……

海外求学立志归农

透过诸多光环，我眼前浮现出一个中国劳工子弟在海外辗转奋进的身影，不由循着他的足迹去追寻……

那是一个相当吉祥的日子，1892年的10月10日，据说2010年有许多新人选在10月10日这一天喜结连理，咱们的昆虫学家张巨伯就是这一天出生的，莫非这也是冥冥中的福气？他的家在广东省高鹤县，其父辈长年务农，后出国做劳工。1904年，张巨伯随堂兄到日本上学，1907年又同去墨西哥，1908年随父张业良至美国读中学，1912年进入美国俄亥俄州立大学农学院，起初学习农业化学专业，后转学昆虫学，1916年毕业，获农学学士学位，其后又在该校研究生院攻读1年，获得昆虫学硕士学位。

看了张巨伯的这段简历，可能有些人心头还会生出几分羡慕：做劳工子弟真不错，还能出国留学呢！殊不知，在背井离乡辗转求学的背后，这个劳工子弟有着许多的无奈和心酸。

张巨伯家祖祖辈辈都是佃农，他自幼身受旧中国农村贫穷落后和天灾人祸之苦，受生活所迫，小小年纪即随家人漂泊海外。所以，当在海外求学时，他没有选择当时非常时髦的政法和财经专业，而是对被视为“雕虫小技”的昆虫学情有独钟。他甚至为自己取别号归农，以名言志，立志为祖国农业服务。有人不理解，问张巨伯：“为什么选择昆虫学专业？”他说：“昆虫占动物界3/4，研究它有益于人类。我国地大物博，农林害虫种类繁多，危害损失至重，做好害虫防治，有利于农业生产，是最好的服务。”

术业有专攻，专者才能成大器。在进入美国俄亥俄州立大学农学院学习昆虫学以后，张巨伯认识到昆虫与农业生产关系密切、害虫对农作物威胁甚重，便毅然决定专攻应用昆虫学，研究害虫防治技术。1917年，他获得美国俄亥俄州立大学硕士学位，当时有一家美国公司曾以高薪聘请他任该公司驻华经理，负责推销杀虫药剂等商品。张巨伯毫不犹豫地婉言谢绝，他说：“我辛辛苦苦读了几年书，是预备为祖国服务的，想要我当买办，真是侮辱了我。”

昆虫学园丁桃李满天下

张巨伯不为洋人高薪所动，他一心想的是如何发展祖国的农业。本来呢，他学成归国后，打算自办一个示范农场，也曾两次到广西梧州选择场址，但动荡的时局粉碎了他的计划，把他推上了教育战线。

1918年初，张巨伯应聘到岭南大学研究杀虫药剂。由于那时的岭南大学是美国人办的教会学校，张巨伯一进去就感觉浑身上下不舒服，但想着这里具备学术研究条件，就留了下来。可是，心中的那份不甘不时地刺激着他的爱国之心，10个月后，他还是向学校递交了辞呈。

对张巨伯来讲，在岭南大学度过的短暂的10个月虽然没什么值得留恋的，但他却由此和农业高等教育结下了不解之缘。

当时，国内昆虫科学事业尚处于萌芽状态，为了培养昆虫学人才，张巨伯决心投身于经济昆虫教育事业。1918年11月，在朋友的推荐下，他来到南京高等师范学校执教，开设昆虫学课程，并兼病虫害系主任，成为我国大学里最早讲授昆虫学的教授。他以此为起点，以教学为己任，以治虫为目标，先后又在中山大学、金陵大学等校任教，讲授普通昆虫学、经济昆虫学、昆虫分类等多门课程，为国家培养了一大批昆虫学骨干人才，如老一代著名昆虫学家吴福桢、邹钟琳、尤其伟、杨惟义等，说桃李满天下一点也不为过。

可以想见，昆虫学如若离开了野外观察及标本观察、试验会是什么样子，所以大家就不难理解张巨伯的课为什么那么生动、那么受欢迎了。他的课堂经常就在大自然中，有虫儿呢喃，有鸟儿飞翔，有花香相伴……这样有趣的课堂不吸引人才怪！他的学生徐硕俊说："听张先生讲课，如沐春风，如饮醇醪，有的外系同学听课后，都想转学昆虫学。"虽然张巨伯的课堂经常像旅游一样清新丰富，但他对教学效果的要求是极高的。知道吗？他经常查阅批改学生的课堂笔记，连错别字都要纠正。

作为一名师者，张巨伯对学生的爱是博大的、无微不至的。他经常拿出自己的薪水支助经济困难的学生完成学业，还无私地选拔优秀学生，推荐其到工作岗位或帮助其出国深造，吴福桢就是其中之一。多年后，吴福桢回忆起业师时动情地说："我之学习昆虫是受先生之影响，完全是在先生门下打基础的。我的出国学习、研究是得益于先生的鼓励和援助。张巨伯先生一生最大的功绩就是培养了人才。"

农田"啄木鸟"治虫控灾

张巨伯的昆虫事业是教育和实践相结合的，他是一名昆虫学教授，更是一名务实的昆虫科学家和为民造福的官员。

1919年，江苏浦东、南汇、奉贤等县沿海棉区发生特大虫灾，几万亩棉田受棉大虫(棉尺蠖)危害，几乎绝收，这严重威胁着刚兴起的上海纺织业的原料供应，厂家非常惊慌。华商纱厂联合会会长穆抒斋向东南大学农科院求援，自愿捐款1000银元，迫切要求消灭虫害。张巨伯毫不迟疑地带领吴福桢奔赴棉区进行调查研究，在南汇滨海老港镇，建立起我国第一个治虫田间实验室。

1919年秋，江苏省苏南地区发生了大水灾，老港镇试验田和实验室全部受淹。张巨伯毫不气馁，第二年又带着邹钟琳到浦东继续工作。经过数年努力，张巨伯已基本掌握棉大虫的形态特征、生活习性及发生规律，并提出了防治方法，有效地控制了虫灾。其论文刊登在1923年的《东南大学学报》上，这是我国最早的棉虫专题研究论文之一。

在老港镇工作期间，当地棉农在害虫发生初期，采用浇煤油、石灰等办法进行防治，不但无效，反而烧坏了棉株。张巨伯经过多次试验、示范，然后推广应用砒酸钙防治食叶害虫，收到了很好的效果。这是我国使用化学农药大面积防治农作物害虫获得成功的最早范例。

此后，张巨伯把昆虫学的研究与解决生产上的问题紧密结合起来。1928年江苏省飞蝗肆虐，铺天盖地，情况十万火急，时任江苏省昆虫局局长的张巨伯带领学生吴福桢、吴宏吉、陈家祥等深入渺无人烟的蝗虫孳生地，亲自组织指挥治蝗。他采取挖沟、围捕蝗蝻、试用毒饵等方法，终于控制住了蝗灾。

实干家和“六足学会”

目睹着虫灾带来的灾害，张巨伯感到肩上的担子越来越重。“必须建立病虫害研究所，必须成立专业的研究学会！”张巨伯在承担教学任务的同时，还担任江苏省昆虫局局长。其间，他在虫害发生地成立了多处害虫研究所，如在灌云县设立蝗虫研究所，在昆山县设立稻虫研究所，在无锡县设立桑树研究所等。

江苏省昆虫局因经费不足撤销后，张巨伯应邀到浙江省昆虫局任局长兼主任技师。其间，他设立了许多基层研究所，如在海宁县七堡设立棉虫研究所，在嘉兴县南堰设立稻虫研究所，在杭州拱宸桥设立桑虫研究所，在黄岩设立果虫研究所等。考虑到发挥害虫的天敌作用，他还专门设立了赤眼蜂保护利用研究室。科学来不得半点空想，学者型官员张巨伯非常重视昆虫标本的收集、制作和保存。他经常派专人到市郊采集昆虫，还不定期地组织人员到天目山、雁荡山、黄山等地采捕昆虫，积累了大量标本，建立起当时我国最大的标本室，创建了我国第一份植保期刊《昆虫与植病》。

1924年，中国最早的昆虫学术团体——“六足学会”在南京成立，发起人即是张巨伯。“六足学会”的成员主要由江苏省昆虫局的技术人员，中央大学、金陵大学病虫害系教员及学生组成，最初约有20余人。

“六足学会”成立后，每周举行一次例会，或作学术报告，或交流经验，或谈读书心得，十分活跃。

1927年，“六足学会”改称“中国昆虫学会”，张巨伯众望所归，被推选为会长。张巨伯对学会工作十分热心，他曾将自己的兼职薪水捐作学会基金。在组织中国养蜂促进社、创办金华蜂场时，他建议给中国昆虫学会若干个干股，按股分红，以充实学会经费。他还向朋友劝募，在南京鼓楼以北征地两亩多，作为学会建址基地。可惜的是，这些意图和筹建工作，都因抗日战争爆发而未能实现。

从穷苦的劳工子弟无奈海外求学，到立志归农为祖国农业鞠躬尽瘁，张巨伯用一生写就了自己的“昆虫记”。他是一位好老师，更是一位好科学家。

邹秉文：以农报国责无旁贷

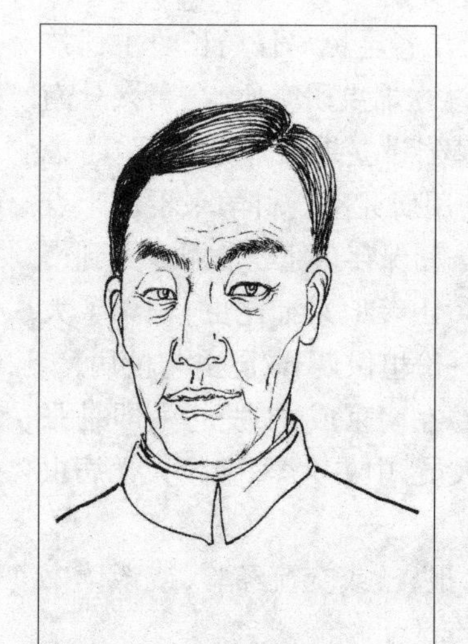

人物档案

邹秉文（1893~1985），字应崧，原籍苏州，生于广州，农学家、农业教育家、植物病理学家、社会活动家，著有《高等植物学》、《中国农业教育问题》等。

知道“复式教学”吗？就是一个老师教好几门课，且是好几个年级同在一个教室，这位老师给一个年级上完课，让其休息或者写作业，再给另一个年级上课，如此反复，轮流作业。在我国的许多偏远山区，这种教学方法今天依然存在着。

这种教学模式是贫穷落后造成的，说白一点就是：师资紧张，经费不足。19世纪初，我国的教育，尤其是农业教育也存在着类似的问题，当时的解决方式不像今天，完全由政府负责，而是全凭一群爱国知识分子的满腔激情和强烈责任感。农业教育家邹秉文就是其中的一位。他认为解决农业教育问题，一在于学有专长的师，二在于足敷运用之经费。所以一走马上任东南大学农科主任，他就甩开膀子按照这两个原则大刀阔斧地改革起来。

风华正茂的岁月

那是1921年，南京高等师范学校改为东南大学，邹秉文任教授兼农科主任。当时，农科全年的经费才7万元，而农科的教员更是少之又少。邹秉文虽然不像“复式教学”那样同时给几个年级的学生授课，也是一人身兼数科，天天忙得团团转，做实验、搞研究是想都不敢想的。

有这样一个实例。某君，畜牧专家也，在外国留学时，无一暑假不在牧场实习，归国后，在某农校所任课程竟有8门之多，农具、作物、植病等，对其专长反无暇过问。该君愤而驰书其校长。校长曰：“此非我过也，校中畜牧课每周只有2小时，而部定章程，每一专任教员，必须任课18 ~ 24小时！”

面对这样的局面，邹秉文提出的改革方案是：科内必须分系，各系均必须有学有专长的教授，而教授除讲课外，还应做实验、搞研究并示范推广；第一年有教授2人，到第三年教授增至8人。此方案可谓一石激起千层浪，全校上下惊愕之余议论纷纷："如其他理、工、文、法诸科群起效法，则全校共需教授五六十位之多，如此巨额经费，从何而来？"

瞧瞧邹秉文是怎么答复的："必须改，至少在我主管的农科，一定要这么办！"邹秉文可真够倔的，他的这分倔强哪，是骨子里生成的，要不到国外留学选择专业时，他也不可能中途转入农学院。怎么？想听听他的求学故事？那听好喽！

1893年12月3日，正在广东办理盐务的苏州人邹嘉立喜事临门，他的妻子在广州为他生下了一个大胖小子，就是本文的主人公邹秉文。生于官宦之家有时也不是什么好事，咱们的主人公虽天资聪颖，但与之来往的多是纨绔子弟，故贪玩而不好学，邹老爷子气得没法，索性由他去了。也该邹家有运，邹公子玩到15岁时，不知是玩腻了，还是真的长大了，反正他是悔悟了，而且是突然间悔悟的。随后他便快刀斩乱麻，断了与纨绔子弟的联系，背起行囊北上赴京，入汇文学校，习英语，学算学。

呵呵，生于官宦之家还是有好处的，这不，邹秉文一改邪归正就沾上光了。他伯父邹嘉来时任外务部尚书，按例可遣一子弟放洋，邹秉文就自然而然地以驻美使馆学习生名义，于1910年出国，先后入柯克和威里斯顿中学读书。到了国外，他发愤向上，就寝必在晚11时之后，起床必在晨5时之前，盖过去之荒废，至此益感有加倍努力之必要。1912年，邹秉文以优异的成绩毕业，并被补取为清华学校官费生。同年秋，他入康奈尔大学机械工程学院，后选读农业课程，发现自己对农业比机械更感兴趣，于是毅然转入农学院。1915年毕业后，他继续在该校研究院攻读植物病理学。他当时的想法是："中国号称以农立国，但不求改进，以致农业日趋衰退，而衰退的主要原因之一，则为严重的病虫灾害。"因此，他希望能和同在美国读昆虫学的堂兄邹树文，在植物保护方面，共同报效祖国。

恰同学少年，风华正茂。邹秉文在风华正茂的岁月，作了人生中最重要的选择，这个选择不仅成就了他的性格，更成就了他的事业。

改革创新的日子

改革—创新—改革—创新，这是邹秉文学成归国后奋斗的轨迹。

1916年，邹秉文抱着满腔热忱学成归国，当时欧战正酣，袁世凯帝制垮台。本来，以他们家的社会关系，在北京谋个一官半职不在话下，但年轻的邹秉文一心向往着改进农业，发展科学。当江苏、安徽两所甲种农校向他投来橄榄枝时，他是这么说的：应聘可以，而且可以不要薪金，但必须有可供实验用的场地与仪器。他的这个最基本的要求这两所农校满足不了，他们没有经费呀！无奈之下，邹秉文只好应教会初办的金陵大学农林科之邀，前往南京担任植物学、植物病理学、植物育种学教授。那里有

20多架显微镜，要算条件很不错的了。当时高校农科的教材多采用日本及欧美的课本，不能结合我国实际。邹秉文就带着学生，经常到郊外去采集病虫害标本，并根据实地考察之所得，反复修订讲义，夜以继日地工作。第二年秋天，他的老师贝莱访华，他陪同作翻译。一次，贝莱在安徽宿县礼拜堂讲演，有几个农民当场提出问题，恳求贝莱作具体指导。那一刻，邹秉文忽然感到自己肩上的担子很重很重……

一天，邹秉文与黄炎培相遇。黄炎培当时正同张謇等人筹划在南京高等师范学校设立农、工、商专修科，为中等职业学校培养师资。碰到邹秉文，黄炎培别提多高兴了，这不是现成的老师吗，无论如何得将他挖过来！“老兄啊，中国自古号称以农立国，但与其他先进国家相比，在农业方面却很落后，你们学农的人，应多为国家培育人才，以振兴中国农业啊！”一番话说得邹秉文热血沸腾：“是啊，这不正是我的夙愿吗！”说来也巧，没多久，邹秉文到上海出差，在火车上又遇到了南京高等师范学校教务长郭秉文，有了黄炎培的激励，邹秉文当即应承下郭秉文的邀请，到南京高等师范学校农科当主任。

如果说金陵大学是邹秉文事业的开端，那么南京高等师范学校就是他事业成功的关键，前文所述的那项人事改革就是他走进南京高等师范学校的一个改革大手笔。南京高等师范学校改为东南大学之前，邹秉文写下了我国第一本大学植物学教科书——《高等植物学》，当时他还不到30岁，其雄心与才略，可想而知。针对农业教育改革，邹秉文也根据自己的实践经验，对照日、美、丹麦等国的先例，完成了《中国农业教育问题》一书，力陈教学、科研、推广三结合的重要性。

让我们看看邹秉文是怎么具体实施改革的。每一位教授基本上只担任他的专业课程，每周授课时数按实际需要安排，不作硬性规定，可是，每天必须8点以前到校，下午5点以后离校，授课之外，还要从事实验研究，取得成果，与有关方面联系，向农民推广。至于学生，除课间实验外，还要有两个暑假进行实习，一个是一般性实习，一个是所学专业的实习，因而必须下农场或工厂。

邹秉文改革创新的成果有目共睹：先后开设农艺、畜牧、园艺、蚕桑、生物、病虫害6个系，并在南京成贤街、武胜关、太平门外及江苏、河南、湖北、河北4省，开办水稻、蚕桑、园艺、棉花等9个试验场，教授27人，连同助教等共达100人，年平均支出27万余元，相当于学校经费的4倍。与此同时，他还先后倡议成立了棉作改良推广委员会、江苏省昆虫局，均直属东南大学农科领导。他组织了胡先骕、钱崇澍、原颂周、孙恩麟、张巨伯等一批名教授，并培训出金善宝、冯泽芳、周拾禄、胡竟良等一大批农科专业人才。

改革创新的日子里，邹秉文精力充沛，声誉日隆，与文科之杨杏佛、工科之茅以升并称为“东南三杰”。

事业如日中天

建了那么多试验场，配备了那么多教授，成立了专门的农学组织，要花多少钱？

钱从哪里来？邹秉文究竟有多神？对，邹秉文就是这么神，他的神靠的是广结善缘，然后千方化缘。广结善缘与他渊博的学识、良好的口才、豁达开朗的性格分不开，在四处奔波筹措资金期间，无论是巨商富贾、达官贵人，还是文人雅士，他都极力周旋交际，以争取多方面的支持和资助。比如，他说服上海面粉工会、华侨福群公司、上海合众蚕桑改良会，乃至华商纱厂联合会、中华文化基金会、中国银行、上海银团等，或提供现金，或划拨场地，或发放低息贷款，从财力上给予援助。邹秉文的这种工作方式，无疑是一种难得的创新和开拓，他也渐渐开始放眼整个农业科学事业。

（一）筹建上海商品检验局

1928年，国民党政府工商部长孔祥熙，请邹秉文筹建上海商品检验局并出任该局局长。上海是我国最大的港口，该局则主要检验出口的生丝、畜产品、桐油、茶叶、蜂蜜等。此前，海关长期为帝国主义所把持，虽名义上已经收回，但出口的商品检验，却仍被洋人以种种借口把持不放，他们甚至自设生丝检查所，侵犯我国家主权。邹秉文反复考虑，决定接受这个任务，他的目的有二：一是厉行检验，防止劣质商品输出影响声誉；二是积极研究指导，以期提高商品质量，借以发展对外贸易。

该局成立不久，就取代洋人所设的检查所，并以6万元购得了他们的设备。邹秉文又到日本考察，提出了一个3万元的生丝检验器械购置费的预算，准备扩建自己的生丝检验处，不料遭到工商部内某些权贵的抵制。邹秉文就向留美时的至交，上海商业储蓄银行总经理陈光甫，借到低息贷款3万元，充实了设备。接着，他又征得多方贷款，陆续充实了桐油检验处、茶叶检验处、畜产品检验处等。随着业务的开展，他逐渐实现了第二个目的，就是请吴觉农主持茶业检验，并从检验费收入中拨款设立祈门红茶改良场；请寿标和程绍迥主持畜产品检验，建立牛瘟血清制造所，开创了兽疫生物制品防治上海及江浙两省牛瘟的先河。

（二）支持我国农业改进事业

洛夫是美国康奈尔大学著名的育种学教授，20世纪20年代由纽约洛氏基金资助，来华指导小麦、高粱的作物改良工作，这也是我国国际农业技术合作的开端。在他的指导下，我国采用纯系育种的方法，陆续育成小麦新品种“金大2905”、“金大南宿州61号”、“金大开封124号”、“太谷169号”、“徐州438号”等，小麦单位面积增产达15%~30%。

1932年，邹秉文建议请洛夫再度来华，定期3年，主讲作物育种及田间试验技术。这一次，洛夫不仅对我国水稻品种改良发挥了重要作用，还征集了31个美棉品种，在苏、浙、鄂、陕、鲁、豫、冀等省进行区域试验。邹秉文为此事先后向金陵大学、农矿部、江浙两省建设厅等反复游说，得到支持。当时洛夫要求每月薪金1000元，美金与银元各半，并必须由上海商业储蓄银行订保证书。该行总经理陈光甫看在邹秉文的分上慨然照办。洛夫来华后，由沈宗瀚协助讲学，一切都应很顺利，谁知江浙两省不能按时拨款，上海商业储蓄银行为维持信誉，只得按月垫付，这使邹秉文为难，他不得不经常奔波在京、沪、杭道上，苦等苦催，一直到合作期满。

另外，邹秉文还以他在行政与实业界的关系，利用机会，促成了后来影响较大的中央农业实验所的建立。

（三）集资创建我国第一座化肥厂

邹秉文深知化肥对促进农业生产的重要作用，他在担任上海商品检验局局长期间，更了解到大量进口化肥所造成的外汇损失，便一直主张自行建厂生产。1931年，实业部派他与英、德厂商洽谈，因对方要价过高而未成，恰逢美国氮气工程公司总经理浦克访华，一谈即合。于是他和天津永利制碱公司总经理范旭东协商，又向孔祥熙引见浦克，各方均表同意。但建立一座年产5万吨硫酸铵厂，需投资1500万元，数额太大，政府又无意承担。1932年，邹秉文出任上海商业储蓄银行副总经理，便由上海商业储蓄银行和天津永利制碱公司两家出面，并得到浙江兴业银行、金城银行、中国银行的支持，达成4行借款协议，加上我国杰出的化学家侯德榜出任总工程师，1937年我国第一座化肥厂得以在南京建成投产。

耄耋之年“尽其在我”

时光催人老，当一路风尘地走进新中国，邹秉文对农业建设事业的追求依然。当他耄耋之年一再表示“尽其在我”时，我们分明感受到了他那颗忠诚为国的心。

新中国成立后，美国实行对华经济封锁，上海等地纱厂原棉供应紧张，棉花良种缺乏，扩大植棉也受限制。上海市军管会为此特准动用外汇，通过当时还在美国的邹秉文想方设法购得496吨斯字棉良种。邹秉文和有关人士商量，认为最好还是岱字棉，这是当时世界公认的长纤维良种，既不易退化，又曾在中国试种成功。可是汇款寄到，已是1950年1月中旬，离播种期很近了，而且美国南部各种子公司都说无存货。邹秉文不顾正患感冒，立刻飞往密西西比，动员当地华侨分散采购，终于积少成多，总共得到496吨棉种，连夜运往奥尔良港，交给一艘美国货轮，驶向青岛。不料货轮不敢直航青岛，而是先到阿根廷，加装其他货物，再来中国，勉强赶上了播种期。这件事引起了美国情报部门的注意，邹秉文夫妇被移民局传去问话，他们的护照被扣了3年，直到1956年他才绕道欧洲回国。

邹秉文回国后，周恩来请他担任农业部副部长或农大校长，他只接受了农业部和高等教育顾问的聘书。当时，邹秉文已年逾花甲。大家都知道，顾问工作弹性较大，可他还是坚持正常上班，出席有关会议。同时，作为政协委员，他平均每年约有1/3的时间下乡下厂，访问观察。他利用这些机会认真地调查研究，写报告，提建议。说来大家可能不信，他几乎每星期都要给有关领导送去一份参考材料，大都是他从国外报刊或其他渠道所获得的农业信息，由他亲自译出的。旁人劝他，如此高龄，未免过于劳累，而且领导都很忙，有时还顾不上看。他却一再表示：“尽其在我。”是什么力量激励着这位耄耋之年的科学家如此忠诚为国？是一份科学家的责任，是一颗拳拳爱国之心。

钱天鹤：

广阔天地任鹤飞

2010年中秋佳节期间，郑州某大商场开业，特举办了一场“郑州台湾月”活动。那天，我去瞧了瞧，最大的感受是：台湾的小吃多，茶叶多。品茶我是不懂的，但经不住推销员的热情，还是尝了尝一种名叫“天鹤茶”的台湾名茶。喝完后的感觉嘛，只觉得蛮清香的，而且这道茶的饮用方法让人耳目一新——传统上茶叶的冲泡都是以热冲为主，而天鹤茶中的蜜香红茶则是冷热皆宜，凉冲蜜香红茶香味更加明显。

漂亮的推销员讲，天鹤茶的种植地土壤肥厚，气候适中，土壤PH值5.5~7，最适合茶叶种植。其实原来该地区主要产品不是茶叶，农学家钱天鹤到台湾后，积极改良农业产品结构，培植出了优质茶叶品种。当地人为纪念钱天鹤所作的贡献，遂将该茶命名为天鹤茶。

钱天鹤的名字由此进入了我的视野。

人物档案

钱天鹤（1893~1922），浙江杭州人，农学家、现代农业科学先驱、中央农业实验所主要创始人。

“方正先生”的蚕业研究

钱天鹤是杭州人，所以对蚕桑再熟悉不过。1919年，他从美国康奈尔大学农学院学成归国后，应金陵大学之聘，任农林科教授，兼蚕桑系主任，由于他处事公正，要求严格，大家都亲切地称他“方正先生”。正是在这个当时高等农业院校中率先成立、实验条件比较完善的蚕桑系，“方正先生”一生中最重要的事业——蚕业科学研究开始了。

在调查研究了中国和日本、法国、意大利等国蚕业的状况后，钱天鹤惊呼：我国首创蚕丝已历4000余载，至1918年，全国养蚕、缫丝从业人员及其家属近2000万人，生产徘徊不前，而日本则后来居上，出口生丝急剧增长，占全球生丝贸易50%以上，长此以往，世界丝市将为日本一国所垄断，不容我国有立锥之地，可不惧哉！万分忧虑之下，他一针见血地指出了中国蚕业衰落的主要原因：蚕病蔓延，养蚕方法不科学，缫丝技术落后，资金不足，政府不重视。他认为，振兴我国蚕业应从控制蚕病、发展桑园、防止茧商操纵茧价等方面着手治标，同时，要从调查研究世界蚕业情况、学习国外先进科学技术、加强金融和国际贸易活动以及振兴蚕业教育等方面着手治本。

基于上述认识，钱天鹤潜心于防治蚕病和选育蚕种的研究。当时，江浙一带危害蚕业生产最严重的是微粒子病，经抽样检验，蚕种带病者高达40%~70%。钱天鹤和吴伟士合作研究的无毒种制种技术，可有效地控制微粒子病的传播，是当时金陵大学农林科的重要科研成果之一。这项技术由金陵大学农林科农业推广部向农村推广，刚开始，受土法养蚕习惯势力的阻碍，举步维艰。后来，各丝厂和广大蚕农逐步认识到无毒蚕种的茧丝品质远优于原有农家品种。1929年，无锡模范缫丝厂资助金陵大学蚕桑系增添设备，扩大无病毒蚕种的生产，这项技术才在苏南无锡、江阴一带大规模推广，取得显著效益。

在民间，我国古代农书中常载的养蚕禁忌事项，在蚕农中广为流传。但由于时代和科技水平的局限，其中不乏不科学之处，因而被当时多数新学之士斥为迷信而加以全盘否定。钱天鹤则不然。他组织学生对《务本新书》一书中的《蚕忌篇》所载禁忌事项进行科学实验，去伪存真，撰写《论蚕忌》一文，发表了实验结果，同时阐明了对祖国传统技术应持的科学态度。

钱天鹤知道，蚕业发展必须有开阔的视野、通盘的考虑。为此，他先后提出建立原种场以控制蚕病、开放蚕茧市场以防止茧商垄断茧价、建立生丝检验所以提高生丝质量以及开展国际金融、运输、保险业务以进入国际市场等一系列建议。可惜的是，钱天鹤离开金陵大学后，他的蚕业研究中断了，这一系列建议自然也就很难实施了。

风雨中农所

中农所全称中央农业实验所，是南京国民政府1932年1月正式成立的。同年1月28日，日军入侵上海，"一·二八"事变爆发，战乱影响下，中农所的工作停滞下来。这仅仅是个开始。

1933年7月，中农所改组，钱天鹤任副所长，负责日常工作。钱天鹤受命后，决心大干一场。他认为要切实改良农业，必须聘请国内外一流专家，以提高科学研究水准，并应有很好的设备和图书，以利于研究实验，此外还应举办作物育种等短期训练班，以增进国内农业科技人员的知识。在一次会议上，钱天鹤明确指出，中农所的工作目标，即凡有实验应从实用上着想；中农所的农业实验，在于利用前人已经发明之原理与方法，作解决实际问题的工具。他要求科技人员不畏难、不怕失败，实事求是、丝毫不含糊地做实验。他语重心长地说，农业系地域性科学，与其他科学如物理、化学等不同，我国地大物博，随时随地有亟待解决的农业问题，无异铺金满地，待人拾取，如肯努力精进，其前途自无限量。

因此,中农所特别注重田间工作,各系主任和科技人员都亲自去试验地观察实验,了解农情,推广研究成果。1934年春,钱天鹤力排众议,完成了孝陵卫所2570亩土地的征购工作。同年10月,中农所第一座实验大楼竣工,中农所迁入新址办公,研究实验工作次第展开,研究成果可谓硕果累累:

——研究制订了全国水稻和小麦种植的自然区划;

——研究提出改进水稻和小麦的育种及栽培技术;

——选育并推广水稻、小麦和棉花优良品种;

——研究证实当时各地土壤中以氮素最为缺乏,磷素次之,钾素则比较充足,无须多量补给;

——大量制造推广杀虫药剂和药械,防治主要作物害虫,基本扑灭了严重危害南京中山陵园的松毛虫和江苏江宁等县的水稻螟虫,研究并推广了粮食仓库害虫、小麦黑穗病、小麦线虫病的防治方法;

——提倡种植经济林木,着重开展油桐的育种和栽植试验;

——改良蚕种和桑树的栽培技术,发明了防僵粉,有效地制止了蚕病的蔓延;

——制造并推广猪牛瘟血清和各种疫苗,在各省防治猪牛瘟疫,成效卓著。

正当中农所的工作蒸蒸日上的时候,1937年来了,那一年,日军大举侵华,抗日战争全面爆发。11月,上海失守,中农所西迁长沙,在交通阻滞、舟车缺乏的困难条件下,先后运出重要仪器、图书、标本、档案和实验材料400多箱。1937年12月,钱天鹤和最后一批中农所职工撤离南京,抵达长沙。

抗战开始后,大批军政机关和工厂、学校西迁,沿海地区先后落入敌手,西南、西北交通不便,输入粮棉的通道阻塞,形势十分严峻。钱天鹤受命于危难之际,协助主持全国农政,中农所副所长一职由沈宗瀚接任,中农所也由长沙迁往重庆。

为增加粮棉生产,钱天鹤殚精竭虑。他通过推广优良品种、防治病虫害、改进农田水利工程、建立农业推广机构以及实行田赋征实等措施,使粮棉的产量得到较大增长,仅1941年度就增产粮食近47亿公斤。在渔牧方面,他以繁殖耕牛役马、增产羊毛、养殖鱼类为中心,尤其是在防治兽疫方面取得很大效果。在林业方面,他着重于保护和开发天然林,提倡培植经济林和营造水源林。在垦殖方面,他以发展国营垦区为主,同时协助省营和民营垦殖事业。在农业经济方面,他注重改善农场经营,调整租佃制度,调剂农村金融。让钱天鹤无限欣慰的是,抗战八年间,上述措施有力地保证了军粮、民食和服装原料的供应,对坚持抗战起到了不可磨灭的作用。

复兴台湾农业

台湾金门农林实验所内有一座钱天鹤铜像,这是金门县政府为纪念他对金门岛农业建设的巨大贡献立的,铜像碑文上是这么写的:“农村复兴联合委员会于1952年筹定金门农业建设大计。先生时任农复会委员,督察其事,十年有成。举凡农业、造林、水利、渔业、畜牧、卫生设施,无不坚毅以赴,次第奠定规模。今日我金门物阜民丰,绿野如云,胥为先生苦心筹划勤奋推进之所赐……金门县民追怀德泽,思慕无穷。本乃饮水思源之义,特为先生建立铜像,以志盛德,而垂久远。”

那是1947年4月,钱天鹤离开了国民政府农林部常务次长职位,出任联合国粮农组织远东区顾问。第二年,他在《中华农学会报》发表《泛论中国农业建设及其前途之期望》一文,阐述了他对发展我国农业生产的思路。他认为,欲建设农业,必须注意人口问题,一切设施务宜顾到如何安置过剩之人口。是不是有点像计划生育？呵呵,看来,钱天鹤还是很有先见之明的人呢。言归正传,从这一观点出发,钱天鹤提出了解决人口问题的两条途径:一是移民垦荒,二是劝导人民自动限制人口过分繁殖。这是最为根本的。另外,要提高农业生产技术,并注意农业与工业及交通之配合,使农产商品化,工业乡村化。这样,农产品才有广大之出路,农民的生活水平才能提高,国家才能富强,农业建设才能真正成功。

对于发展农业中的土地问题,钱天鹤主张奉行孙中山的主张,即对移民垦荒之地,应实行国家所有,而长期贷给农民使用,在内地,则实行“耕者有其田”的政策。1948年10月,中国农村复兴联合委员会在南京成立,聘钱天鹤为农业组组长。因为该机构1949年随南京国民政府先迁广州,继迁台湾,一个新的使命开始了——复兴台湾农业。

钱天鹤先是任农业组改组后的植物生产组组长,由于工作成绩突出,于1952年1月晋升为委员。他曾受郑道儒之请,与毛雍一起拟订台湾农业政策和实施纲要。之后,他来到了美丽的金门岛,亲自主持策划金门、马祖两岛的农业建设。看着这两地农业的繁荣,不禁让人想起这样一句话:一个贫困地区的命运,是能够以知识改变的,需要的是英雄的出现。瞧,那个与当地农民同吃同住,积极用自己的聪明才智改良当地农业产品结构,推广先进的农业技术和现代农业理念的钱天鹤,不正是金门、马祖的英雄吗？

从教授到科研工作者,从科技组织管理工作者到政府高级官员,钱天鹤一直在为繁荣农业科学技术、振兴祖国农业奔忙不息。他的功绩得到了世人的肯定,但我想更慰藉他心的是他的孩子们各有成就,可谓一门才俊,比如清华大学教授、中国科学院技术科学部委员、著名水利科学家钱宁,北京大学教授、著名学者、文学理论家、鲁迅研究专家钱理群。

戴芳澜：五十年如一日研究真菌学

他生于清末，就学于刚刚废除科举制度的旧学堂；

他来自荆楚，是现代中国第一代科学家；

他敬业乐道，五十年如一日研究真菌学；

他热爱科学，科学在他眼里，胜过一切，甚至生命；

……

他，就是中国真菌学的开山大师戴芳澜。初冬的暖阳给人一种亲切的感觉，在这种暖暖的感觉中，戴芳澜手拿《中国真菌总汇》朝我们款款走来……

人物档案

戴芳澜（1893~1973），号观亭，湖北江陵（今荆州）人，著名的真菌学家和植物病理学家。

走出荆楚

荆州自古多俊杰。从赫赫楚才屈原、宋玉，到唐代著名诗人岑参，再到明朝"宰相之杰"张居正和文坛领袖"公安三袁"，是荆州的"地气"孕育了"人气"，还是"人气"成就了"地气"？怎么有一种鸡生蛋还是蛋生鸡的意味？呵呵，不管怎样，大量的事实证明，荆州是个人杰地灵的地方，称其为"风水宝地"应该不为过。

很幸运，戴芳澜就出生在这片风生水起的土地上。那是1893年的5月，晚春的花香袭人，天还没有完全热起来，江陵一户戴姓世家喜添新丁。"生了，生了，又是个少爷！"听着接生婆的喜报，戴老爷子喜笑颜开："好啊！好啊！又是一位少爷，戴家人丁兴旺！生在这个季节，就叫芳澜吧。"

要说这戴家，那可是书香门第，虽说封建王朝气数已尽，可这样的旧式大家庭，对子弟的教育还是相当重视的，当然肯定是用传统的教育方法。在这样的环境中，戴芳澜养成了文静好学的性格，国学知识那是没得说。但是，传统的教育方法挡不住时代发展的步伐，一些全新的教育理念和科学知识强烈地冲击着日渐消亡的旧学堂。17岁那年，带着懵懂的梦想，戴芳澜告别家乡，来到了繁华的大上海。

“这地方和荆州太不同了，有那么多新鲜的事物。这里的学堂也和荆州的不一样，有那么多我所不知道的知识。它们是那么有趣，我一定要努力学、认真学、刻苦学。”在上海震旦中学，戴芳澜的求知欲被强烈地激发着，他感到一种从未有过的力量，拉着他向一个新奇的世界迈进。

1909年，那个让国人无比愤懑的年代，当这种愤懑到达极致的时候，作为侵略者的美国开始担忧起来。于是，他们采取将庚子赔款的大部分改充为选派中国留美学生教育费用方式，意图缓和中国人民的反帝情绪。1911年初，清华留美预备学校成立，负责留美预备班考选工作。1913年，戴芳澜以优异的成绩考入预备班，一年后，赴美国威斯康星大学农学院学习，后转到康奈尔大学农学院，毕业后获农学学士学位。

在国外求学的日子里，戴芳澜耳闻目睹了美国的科学发展，深感祖国的落后。他觉得，祖国要发展，祖国要强大，除了军事力量，更重要的是科学，是知识，而科学来不得半点马虎，必须学精、学专。就这样，那段时光，戴芳澜像一个如饥似渴的孩子，在书海中遨游，在大自然中探索，越深入农学世界，他越感觉自己未知的还有很多。当获得康奈尔大学农学学士学位后，戴芳澜没有马上回国，而是更精准地确定了自己的研究方向，选择到哥伦比亚大学研究生院攻读植物病理学和真菌学，1919年，获得植物病理学和真菌学硕士学位。戴芳澜这种求知方法不禁让我想到孔子学琴的故事。

孔子跟师襄子学习弹琴，一连10天，没有再学新的内容。师襄子说：“可以学习新的内容了。”孔子回答说：“我虽然正在练习这支曲子，但是它的技巧我还没有完全掌握。”

过了一段时间，师襄子说：“它的技巧你已经掌握得差不多了，可以学习新的内容了。”孔子回答说：“我还没有领悟出它的主旨呢。”

又过了一段时间，师襄子说：“现在乐曲的主旨你已经领悟到了，可以学习新的内容了。”孔子回答说：“我还没有体察到作曲者的境界呢。”

又过了一段时间，在弹奏中，孔子由于受到乐曲的感染，有时进入深沉的境界，有时感到心旷神怡、胸襟开阔，于是说道：“我体察到作曲者的境界了。他肤色黝黑，身材魁梧，眼光明亮而高瞻远瞩，好像有统治天下的帝王气魄。除了文王，谁还能创作出这样的乐曲呢！”师襄子听了，立刻从坐席上起来，向孔子施礼道：“我的老师曾经告诉过我，这正是文王谱写的《文王操》啊！”

是啊，戴芳澜对植物病理学和真菌学的钻研同孔子学琴是一样的，他们成功的秘诀就是：专心做一件事。

敬业乐道

带着科学报国的梦想，戴芳澜于1920年从美国学成归来，加入广东农业专科学校，主教植物病理学。在珠江畔的那所一点也不气派甚至还有点寒酸的农校里，戴芳澜结交了一个好朋友——丁颖，共同的志向和追求让他俩忘却了社会对学农者的轻视，忘却了农学研究之路的艰辛，他们全身心地投入到了教学和研究当中。

戴芳澜深知，我国肯学农而又愿意从事植物病理学研究的人少之又少，所以，他觉得自己有责任既使植物病理学学科能为我国的农业生产服务，又能把这一学科的水平提高到国际水平。从广东农业专科学校到东南大学，从东南大学到北京农业大学，戴芳澜一贯坚持他主持的单位以植物病理学研究为名，而其工作则以研究植物病害及其防治为主。

打开抗日战争时期戴芳澜编写的《中国经济植物病原目录》，可以看出，他的主要目标是振兴中国植物病理学。那么，他是怎么做的呢？

在广东，戴芳澜带领学生们开展了芋疫病的研究；在南京，戴芳澜开展了水稻病害和果树病害的研究；在昆明，戴芳澜开展了小麦、蚕豆及水稻病害的研究；新中国成立后，戴芳澜主持中国科学院的真菌植病研究室，资助和鼓励针对小麦锈病的抗病育种工作，同时也资助北京大白菜三大病害的研究工作……

这一项项研究浸透着戴芳澜多少心血和汗水！这一项项研究如果没有戴芳澜的鼓励和资助，是根本开展不起来的！

19世纪初，只有少数几个外籍教授在我国少数几所大学讲授植物病理学课程，偶尔也有中国教授授课，但他们并非专业人员，而大多是植物学家或昆虫学家。针对这个现状，戴芳澜根据自己对国内农作物病害的调查研究以及同代人的调查资料充实了他的讲授内容，使植物病理学这门课程有了一个系统。

戴芳澜讲课的特点是少而精，理论联系实际。他非但亲自讲课，亲自编写教材和参考资料，还亲自管理学生的课堂实验，带领学生去野外采集标本和实习。当他在金陵大学讲授植物病理学及真菌学两门课时，植物病理学是整个农学院各系所必修的，因此是一门大课，而真菌学则是一门小课，选读的人很少，但他同样一如既往地以启迪为主，而不是"满堂灌"。课外的必读资料很丰富，都是他从当时国际上最新的论文中收集来的(一般都是英文)，加以打印，并编订成册。当讲至某一章或某一节时，他即指定学生在课外阅读这些资料中的某一篇，同时，还指定当时美国大学用的一本教科书作为基本参考教材。他讲的内容大都是国内已知的重要植病问题，在实验室里，观察的也是在国内采集来的标本。国外的参考资料大大丰富了学生对这类问题的视界，激发起学生浓厚的兴趣。此外，他非常注重实际操作，常带领学生到果园中去喷波尔多液防治苹果锈病。

戴芳澜一生的抱负是为我国培养一代有水平的植物病理学人才和真菌学家，以期由中国人自己来解决本国的农作物病害问题。为达到这一目的，他尽量鼓励他的学生们向植物病理学范围的各个方面发展。他不是用命令式而是用启发式指导工作，让对方自己去思考探索，直到豁然贯通。因此，他培养的人都能独立思考和独立工作。令人欣慰的是，这位敬业乐道的植物病理学和真菌学拓荒者，在50余年的教学和科研中，培养出了大批植物病理学家和真菌学家，如魏景超、黄亮、林传光、仇元、王清和、周家炽等，可谓桃李满天下。

真菌之梦

早在美国留学时，戴芳澜的心中就有一个研究真菌学的梦。他研究真菌的最初目标是解决植物病害问题。

真正的研究是从19世纪30年代初开始的，当时，戴芳澜以植物寄生真菌作为重点研究对象，其中包括锈菌、白粉菌和尾孢菌等与农作物病害关系极大的菌类。他亲自采集标本、收集文献资料，把标本逐个解剖测微，鉴定其目、科、属、种，工作量之大令人惊叹。那时期，一无条件，二无经费，三无助手，在教学之余完成这些工作，如果没有惊人的毅力和决心，肯定办不到。

在经过多年的真菌分类研究后，戴芳澜已不满足于静止的、一般形态的描述和鉴定。他逐渐认识到：真菌分类学的真实意义在于发掘真菌个体之间的内在联系以及进化中的关系，而不仅是识别个体的名称，并将其罗列成表，这种工作只是分类工作的一个起点，而不是终点，真菌分类学必须向前看，必须把真菌的个体发育和系统发育联合起来考虑。为此，他常常提到德国真菌学者布雷菲尔德的经典方法。

布雷菲尔德是第一个用单孢子培养来观察一种真菌的整个发育成长动态的。如果真菌学者能照此行事，那么真菌个体之间的比较就有了统一的标准，避免了对比两个不同龄的个体。因此，戴芳澜在1962年5月为中国科学院微生物研究所真菌学习小组报告了《布雷菲尔德对真菌的进化观点在真菌分类中所起的影响》。抗日战争时期他就不止一次地说过：真菌分类学的未来必然以遗传学为核心。他的意思是说，真菌只有通过遗传研究才能真正揭示出它们个体之间的内在联系，他本人曾和纽约植物园的真菌学家道奇一起研究脉孢菌的遗传变异。

让我们循着戴芳澜的探索之路来看看他的真菌之梦是如何全面开花的。

关于子囊菌，戴芳澜于19世纪30年代开始研究白粉菌、炭角菌，其后对竹子上的竹鞘寄生菌、腐生的脉孢菌、寄生在水稻上的“一炷香”菌和地舌菌都作了研究，并发现我国云南是假地舌菌的一个模式标本产地。在研究子囊菌的同时，他研究了分布非常广泛而有致病性的尾孢菌，1936年发表了《中国的尾孢菌属》一文。

在担子菌方面，还是在19世纪30年代，戴芳澜研究了胶锈菌和鞘柄锈菌，与此同时，调查并记录了中国的多种锈菌。

在高等担子菌方面，戴芳澜在昆明指导裘维蕃研究云南的伞菌目和牛肝菌目，并和洪章训合作研究了鸟巢菌目。

在戴芳澜的规划和促进下，中国科学院微生物研究所的真菌研究室开展了真菌各个领域的研究，包括粘菌和地衣，使我国的真菌学具备了坚实的基础，同时带动了我国其他领域对真菌的研究，如药物学方面，也开展了真菌调查和药用真菌的研究，从而扩大了中国真菌资源的认识面。

最后，值得一提的是戴芳澜的《中国真菌总汇》。编写这本专著的时候，正值“文化大革命”,他白天挨批斗,深夜奋笔疾书,夫人劝他休息,他却说:白天丢掉的时间,晚上补回来,工作要紧。戴芳澜自己并没看到这本书的正式出版,原因是书中出现了词根FORMOXA(西文中对台湾的一种称谓)。戴芳澜坚决反对改动词根,说改了不符合命名法规的规定。出版社不敢出版含有词根FORMOXA的图书,面对此,他宁可将文稿暂存图书馆,供大家使用。这本专著直到戴芳澜去世以后,经过外交部审批,才决定保留词根FORMOXA,予以出版。

干吗这么较真?戴芳澜说:科学必须坚持严谨性、正确性和科学性。这,应该是最好的答案。这,就是科学家的伟大,科学性在他们眼里,胜过一切,甚至生命。

赵连芳：真使学农的人扬眉吐气

人物档案

赵连芳（1894~1968），字兰屏，河南罗山人，农学家、细胞遗传学家，曾主持培育出“帽子头”、“南特号”、“胜利籼”等早期水稻良种。

提起袁隆平，那可真是大名鼎鼎，研究人们吃饭大事的人，当然无人不知、无人不晓了。知道吗？赵连芳可是袁隆平老师的老师，和被称为中国稻作科学之父的丁颖齐名，被誉为“南丁北赵”。可能有些人要说了，赵连芳不是书法家吗？怎么也躬耕为农了？非也，此赵连芳非彼赵连芳，赵连芳这个名字好，出了两个大家。本文的主角是农学家赵连芳，他和过探先、邹秉文一样，都有幸在乱世中到国外转了一圈，都有一颗以农报国、以农兴国的心，而且他们都成功了。

弃武从文皇室后裔立志为农

赵连芳来自革命老区河南省罗山县，他家世代书香，在赵家岗那个小村庄里，可谓望族，据说是宋太祖赵匡胤的后裔。

这一沾上皇族血统，骨子里就无形中有了一种先天下之忧而忧的责任，瞧瞧赵连芳青少年时代的履历，你就会热血沸腾。

甲午战败，庚子赔款，有志之士愤愤于怀，正读小学的赵连芳即立志维新，剪去发辫。后闻武昌起义，赵连芳毅然偕同学陈立三、陈展鹏、罗勤修一起，背着家人，徒步500里投奔武昌革命军江西援鄂军，加入敢死队之炸弹队，改名赵守彰。后他转到江西陆军讲武堂，因学习优异，由军士班擢升将校班，1913年毕业时受少校军衔，随即入长江总司令部任参谋，转战九江、湖口、吴城、南昌、临川一带，几度死里逃生……

战争失败了，赵连芳觉得仅凭一腔爱国热情是不够的，必须用知识救中国，用科学救中国，而自己的所长可能并非在军队，要不弃武从文试试？这个念头一生，赵连芳便果断地脱下了军装，当即入武昌私立英算专科学校就读，主修英文。

弃武从文之路上，赵连芳参加了一系列没有硝烟的战争。1919年五四运动爆发，赵连芳积极参加，并接受军训，率领清华义勇军围攻卖国贼曹汝霖、陆宗舆、章宗祥官邸。在清华学校攻读期间，赵连芳发起成立农社和世界语学会，带动一些青年学子积极进取、立志报国。

1921年夏北京学生运动又起，8所大学的学生罢课未参加毕业考试。清华学校当局不顾大局，强行进行毕业考试，并规定不参加考试的不发毕业证书，也不派出国留学。多数同学迫于压力参加了考试，赵连芳等29位同学坚持，校当局以自动退学论处，勒令其迁出校园，寄居卧佛寺。后经据理力争并根据中美有关协定，外交部和美驻华大使馆共同派员调查，结果认为他们都是学习成绩优秀的学生，准予返校再读一年。1922年4月毕业后，赵连芳被选送到美国依阿华州立农工学院插入二年级，主修作物学、土壤学。

至此，这个皇室后裔开始一步步走进农学的殿堂，他的求知轨迹和过探先、邹秉文等相似，在此不再赘述。

1928年3月，赵连芳结束在美国的学习，取道欧洲回国，顺访英国、法国、比利时、荷兰、丹麦、瑞典和德国，以了解欧洲第一次世界大战后农业的恢复和发展情况。在英国1840年建立的罗萨姆农业试验场，他看到了白发苍苍的教授与青年学子一起埋头工作，他们把历年的试验记录分门别类，汇订成册，完整保存下来，并提供复本以供查阅。在德国柏林附近一个私人甜菜育种场，他了解到该育种场已扩大为甜菜种子公司，每年可供应全世界40%的甜菜种子。育种场与周围农家合作，选育繁殖生产甜菜良种，均经严格的糖分测定，化验室规模很大，数百名女工在埋头化验，凡糖分在标准以下或杂质、破损粒、外观等不合标准者一律淘汰……

赵连芳边走边看，边走边想。1928年夏，怀揣着借事业以发扬学术的理想，他终于回到了日思夜想的祖国。

毕生借事业以发扬学术

(一) 水稻育种和良种推广

在邹秉文的推介下，赵连芳最先回到了老家河南，协助冯玉祥筹划华北农业改良事宜，由于审批程序复杂，他提出的建立农业试验场报告搁浅。于是他来到广西农务局农艺部兼技师，主持稻作改进，为广西进行水稻育种工作。

正当他全身心投入的时候，蒋桂矛盾激化，局势动荡，无奈之下，赵连芳从广西返回南京，任中央大学教授兼农学院农艺系主任。在此期间，赵连芳将教学、科研、生产相结合。他尤其重视田间技术，亲自深入实践是家常便饭，且不限于校内实习农场。南京郊区劝业农场（小麦为主）、江宁县江浦农场（棉花为主），特别是昆山稻作试验场，都留有他指导生产和试验的身影。他还在江苏及临近各省建立良种区试体系，逐步形成长江流域各省的稻作改良中心。

来到全国稻麦改进所后，赵连芳将很大精力放在了开展全国稻种比较试验上，主要进行生理、遗传、杂交育种三方面的研究，同时创办稻米检验监理处，把工作扩大到皖、赣、湘、川、桂、滇等省。为了促进稻米品质的提高，为建立产销体制创造条件，他还创办了皖、赣、湘等省稻米检验所。这样，从水稻育种研究、繁育推广以至产品销售，都有了比较完善的实施计划。

天道酬勤。通过系统而科学的研究，赵连芳终于育成若干产量较高的良种，如“帽子头”、“南特号”、“胜利籼”等，这些我国早期的优良稻种在长江中下游地区得到了广泛推广，“南丁北赵”的美誉一时传遍业内。

（二）发展全国农村经济

1934年，赵连芳开始主持农林行政管理工作。这之后的十几年里，他奔波于祖国各地，目睹了国势衰落、农民贫苦的现状。他无数次地对自己说：一定要借事业以发扬学术。在一番调查研究后，赵连芳决定先从茶业改良入手，安徽红茶产区幸运中标，祁门红茶改良场应运而生。他先是投资引进德国机械及技术，紧接着派人去日本考察，吸取日本茶园密植栽培经验，之后在皖、赣等省茶区设模范茶场，变满天星种植为带状成行栽培，显著提高了产量和质量，并逐步形成产、制、销一元化体系。OK！改良成功！赵连芳又将视线转到了西北黄土高原，那里水土流失严重，十年九旱，粮食产量甚低，发展畜牧业极为重要。想到这里，性急的他坐不住了，马上同黄河水利委员会联系，确定合作后，他力主种植牧草，因为这样既能保持水土，又能提供饲料，一举两得。畜牧改良场办事处在兰州成立后，赵连芳亲赴晋、陕、甘、青诸省考察，沿黄河溯源而上至青海，最后抵达新疆罗布泊，历尽艰辛。一次考察途中，他夜陷泥沼，险些丧命。

九一八事变后，日寇侵华野心已图穷匕见。着眼于长期抗战，赵连芳深感解决粮食自给的战略迫切性，提出全国稻米自给计划，经全国经济委员会、行政院合作委员会及国防经济研究会三方联合审议，获得批准。随后全国稻麦改进所成立，赵连芳、沈宗瀚分别兼任稻作组、麦作组主任。为实现计划，赵连芳以严重缺粮的广东为重点，与中山大学合作，利用既有科研设备条件，从培养人才入手，制订全省增产计划，接着又到福建、湖南，促进建立福建省农业改进处和湘米改进委员会，开展稻作改良，最后到四川建立四川省稻麦改进所，各分区设试验场，落实改良措施。华东的浙、皖诸省则依靠他在中山大学任教时培植的科研推广基础开展工作。稻米增产有了保证，他又抓住产销环节，建立稻米检验制度、制定稻谷分级检验标准。

（三）振兴台湾农业

1945年日寇投降、台湾省光复后，赵连芳作为农林部特派员兼台湾行政长官公署农林处处长，率领有关专家15人赴台，在短短两年间即为台湾农业恢复和发展奠定了良好的基础。其主要成就有三。第一，根据当时台湾的具体条件，提出三个目标，即：巩固粮食增产，改善人民生活；发展农产外销，增加外汇收入；充分供应工业原料，扩大农产加工企业。第二，提出农业建设四个方略，即：保持水土、兴修水利以实现稳产高产；实行计划生产以保障工农业之平衡发展；制定农业标准以使农产品标准化，适应外销贸易之需求；强化农民培训，提高农民文化生活水平。第三，分不同地区，实施发展计划，即：平地农业，兴水利，增肥料，改良品种，改善农场经营，推行机械化；山地农业，高山为林，低山园艺，丘陵饲料，营林造林，保持水土，合理砍伐，研究森林工业；海洋农业，台湾省海域广阔、资源丰富，急需发展捕捞业。

在赵连芳的治理下，光复后的台湾农林业，很快获得了生机。

（四）援外农业技术服务

倾尽毕生精力投入祖国的农业科研及管理，不知不觉间，赵连芳已步入晚年，隔着一湾浅浅的海峡，他的心中充满了浓浓的乡愁。1955年的一天，他接到联合国粮农组织的聘书，毅然背起行囊去了伊拉克，后又赴多米尼加共和国。或许这是他排解思乡情最好的方式吧。

在伊拉克的三年里，赵连芳通过改良品种，培育纯系稻种，合理灌溉、施肥，采用新式农械，改良栽培制度等，使那里的水稻产量成倍增长。而1963年到多米尼加共和国后，他为该国建立稻作试验场，开办农业训练班，评选出一批水稻良种，如“嘉农242”、“新竹52”、“台中籼1”等，获得该国最高勋章——大十字勋章。

真使学农的人扬眉吐气

逃亡！逃亡！这好像是离乱时代的正常生活。

抗日战争爆发，国民党政府西迁重庆，赵连芳也随中央农业实验所“逃亡”到了成都，在那里，他出任四川省农业改进所所长。他广揽人才，针对战时非常情况努力发展四川农业，支持抗战，制定了四川农业改进四大方针：一是增加粮棉生产以解决军需民食，二是发展外销农产以增加国家财力，三是扶植农村副业以增加农民收入，四是储备战后全国农业复原资源以利抗战胜利后迅速复兴国家农林生产。

赵连芳的招贤榜一出，留美农学博士李先闻就来了，而且跟着赵连芳长期供职在四川省农业改进所。这里有一个小插曲，赵连芳对李先闻有知遇之恩。民国学界派系之争相当普遍，派系的权力虽然是无形的，其影响却非常大。九一八事变后，李先闻从东北大学入关，到母校清华大学生物系求职，当时系主任是陈桢，教授有李继侗、吴韫珍等，都是金陵大学毕业生，所以李先闻自然碰壁，连个兼课都谋不到，校长梅贻琦也只得说：“先闻，我爱莫能助了。”就这样，北平虽大，李先闻却只能沿着一条狭路，到北平大学农学院兼课，并在清华大学充任篮球教练。正在李先闻倍感难堪之时，赵连芳介绍他到河南大学任教，李先闻不顾开封的风沙与偏僻，欣然前往。

言归正传，咱来说说四川农业改进方针的落实情况。

最难的是什么？当然是经费啦。四川省农业改进所成立前，四川各农、林、牧、渔事业单位全部经费只有30万元，而要完成上述四大任务，约需800万元！接下来的日子，赵连芳的中心工作就是四处化缘。

赵连芳先是列席省政府会议，力陈四川为抗战后方，集聚人才发展农业的迫切性、重要性以及战略意义，终于通过了300万元的预算。不足之数，赵连芳又向各有关部门呼吁，全国粮食局局长卢作孚给予粮食增产经费200万元，外销物资增产委员会副主任邹秉文与主办人员协商拨给200万元，加上农林部其他各项农林专业增产计划预算的补助，1941年总经费增至1500万元，还有中国、中央、交通、农业四大银行透支贷款400万元，终使计划得以顺利实施。与此同时，他还成立农业推广委员会，下设10个督导区、104个县农业推广所，形成了一套科研推广体系。

4年间，赵连芳改良棉种、麦种、稻种、蚕种普及50多个县，有的农民从百里外来换种。良种推广、牲畜防疫、病虫防治等给农民带来了实惠，有效地保障了抗战军民的衣食供应，政府特传令嘉奖赵连芳：真使学农的人扬眉吐气。

战争的硝烟已经远去，赵连芳的学生青出于蓝而胜于蓝。但是，当我们无限敬佩而感恩地提到袁隆平等人的时候，请别忘了那位耿直的、激情飞扬的赵连芳。

辛树帜：

辛辛苦苦　独树一帜

一看到这个曾被毛泽东赞誉“辛辛苦苦，独树一帜”的名字，我的脑海中便浮现出一副清瘦隽永的形象，似乎有点像辛弃疾，他们俩同姓,500年前是一家嘛！这当然是玩笑话,长得什么样怎么能同姓名相对应呢？其实啊,辛树帜那个长相,据说像极了罗汉,矮胖矮胖的,非常和蔼可亲。

人物档案

辛树帜（1894~1977),字先济,湖南临澧人,农业史学家、生物学家。

和蔼可亲的辛树帜一生充满传奇色彩：辗转几所学校打工赚出国留学学费,有幸同毛泽东成为同事；中国田野考察第一人；创办两所高等学校,即西北农学院和兰州大学；最早从历史角度研究我国农业生态环境,在生命的最后时刻完成了《中国水土保持概论》……

是什么力量成就了这么一个崇尚老庄学说的学者？

因眼疾投笔从戎梦断后，辛树帜立志以科学报效祖国,通过研读《物种起源》,他对达尔文百折不挠的治学精神和求实态度极为钦佩,一生奉为圭臬。这,或许就是最准确的答案吧。

艰辛求学路

湖南临澧,有一个叫藕池的小村庄,原先叫观音庵拱背桥,那里的景色和江南的其他村落没有二致,那里的农家院落也充满江南农家的韵致。辛树帜的家就在这里。他们家特别穷,只有薄田3亩,一家人挤在一幢不大的土砖木结构的房子里,日出而作,日落而息。穷人的孩子早当家,刚满5岁,辛树帜就给地主家当起了放牛娃,每天放牛回家,他都会在屋前的柏树下玩一会儿,或看看地上的蚂蚁,或瞧瞧树上的知了、麻雀,或问问树伯伯:“你为什么会落叶？你为什么会结果……”大自然中的万事万物对他来说都那么神奇,他的小脑瓜里装满了太多的为什么。可是没人回答他,家里连温饱都保证不了,谁还有心情去顾及这个小娃娃的奇思妙想?

人生三大不幸,其中第一不幸便是幼年丧父,辛树帜9岁时遇上了。“哥哥,天堂在哪里?天堂里是不是有很多有趣的东西?”听着弟弟稚气的问话,辛树帜的哥哥落泪了,他带着弟弟来到辛家族长面前,请求让弟弟入族中私塾读书。辛树帜的聪慧打动了族人的心,那年秋天,他终于获准免费入读族中私塾,艰难的求学路从此开始。

安福县立小学—常德师范学校—武昌高等师范学校,在哥哥的资助和鼓励下,辛树帜一步步地向前冲。知识丰富了头脑,开阔了视野,更新了观念。在进步思潮的影响下,风华正茂的辛树帜立下了以教育和科学昌明政治、解万民于倒悬的壮志。由于成绩优异,1919年春实习期间,辛树帜获得临澧县政府的100元津贴。这100元奖金辛树帜是怎么用的呢?他没有像现如今有的学生那样到饭馆撮一顿,也没有将钱交给哥哥,而是约同学到日本考察了一个月。朋友们注意了,他这可决不是出国旅游啊。

从日本回来,辛树帜出国留学的决心更坚定了:“必须学习国外先进的科学知识,没有钱,自己打工挣!”1919年秋,辛树帜从武昌高等师范学校毕业了,怀揣着生物学的毕业证,他应聘上了长沙明德中学、湖南第一师范、长郡中学的老师,那时学校的人事管理不是太严,所以辛树帜得以辗转几所学校任教。在湖南第一师范,他结识了毛泽东,二人成为了好同事、好朋友。

日复一日的奔波虽然辛苦,但和学生们在大自然王国里遨游让辛树帜忘却了时间,忘却了忙和累。这天是发薪水的日子,辛树帜将省吃俭用的钱拿出来数。“哇塞!有2000元了!”他看看日历,兴奋地自言自语,“这么快,4年就过去了。够了,2000元应该够留学费用了。”是啊,4年对全身心投入教学的辛树帜来说只是一瞬,这一瞬之后的“充电”,是他独树一帜的资本。

辞去职务,告别同事和学生,1924年,辛树帜赴欧留学。他原打算以勤工俭学方式到美国留学,但计划赶不上变化,美国实行的移民政策是限制华人入境,他只好改变主意去英国伦敦大学学习生物学。次年,他转入德国柏林大学攻读。1927年冬,辛树帜突然接到广州中山大学校长戴季陶、副校长朱家骅发来的电报,邀他回国担任黄埔军校政治部主任。他回电婉拒,但戴季陶、朱家骅二人一再电催:“出来的时间也不短了,尽快报效祖国也好。”就这样,辛树帜踏上了归程。

可是,辛树帜根本不想从政,他回国后并未接受黄埔军校政治部主任的职务。

瑶山苦探险

辛树帜来到了中山大学,干起了老本行——生物学教授,还得了一个小官衔——生物系主任。

拿人家给的路费回了国,却回了人家的请,而且人家又是军界要人,辛树帜是咋

"摆平"他们如愿从教的呢？我想对此大家可能都充满了疑问。

其实呀，辛树帜在回国的路上就打好了拒绝的腹稿。见到戴季陶、朱家骅后，他先讲了田野考察的概念，然后由柏林大学指导教授笛尔斯的话引出自己的想法："中国广西大瑶山一带，在动植物学分类学上，是一块未开垦的处女地。中国地大物博，素为世界所重视。在中国从事采集活动的外国人虽不乏治学之士，但也有居心叵测、为本国利益收集资料存心侵略之辈，任其深入各地从事采集，丧失国家主权，实是我们莫大耻辱！"不知是外来的和尚会念经，还是辛树帜的话真的触动了戴季陶和朱家骅，反正最终辛树帜如愿以偿了。

1928年5月10日，辛树帜率领石声汉、任国荣等组成考察队，向当时人迹罕至的广西大瑶山进发，开始了中国现代学术史上破天荒的举动。

让我们先来了解了解原生态的大瑶山。那里不仅有天然的原始森林和丰富的生物资源，又是少数民族居住区，在生物分类和生态上都很有利于观察，是生物学工作者理想的天然大学校，也是当时我国西南部的一个神奥领域。

为了采集到尽可能多的动植物标本，辛树帜带领考察队员们攀险岩、穿蓬蒿、钻竹林、斗恶蜂、避山蛭、躲毒蛇，战胜了诸多难以想象的困难。3个多月，90多个日日夜夜，白天，他们在山上兴致勃勃地采集动植物标本；晚上，他们回到山村，在昏暗的油灯下，采集民歌民谣，标注少数民族语言，调查民风民俗。

1928年11月，辛树帜又组队进入大瑶山进行第二次考察，规模比第一次更大，考察的区域范围比第一次增加了一倍，直到1930年3月才返回学校。

辛树帜带着无限梦想的探险式大瑶山考察，取得了巨大的成功：其考察和采集范围已远远超出大瑶山地区，涉及贵州苗岭山脉的云雾山、斗篷山和东部的梵净山，湖南南部的金童山，广东的北江、永昌及海南岛等地，共采集标本6万余号，发现了以辛氏命名的20多种动植物新属种，并由此为中山大学建起了比较完整的动植物标本室，培养和吸引了一大批从事动植物研究的专门人才。此外，他们还收集瑶族服饰物品数十件，对当地风俗习惯作了大量笔录，先后整理出《瑶山两月视察记》、《正瑶歌舞》、《甲子歌》等大量民俗资料，以此发表论文数十篇。辛树帜在此期间著有《广西植物采集纪略》、《广西瑶山动植物采集纪略》等。

开发大西北

如果说大瑶山考察是辛树帜用先进的科学技术改变中国贫穷落后状况的开端的话，那么在大西北筹建西北农学院和兰州大学则是他用教育改变国民命运的真实写照。

1932年，这个江南的农家子来到了祖国的大西北。放眼这片广袤而又贫瘠的土地，他的心被强烈地震撼了，那一刻，他萌发了开发大西北的构想。

当时，陕西大旱，赤地千里，饿殍载道。辛树帜首先想到民以食为天，想到农、林、牧业。要发展农、林、牧业，又必须依靠科学技术，而科学技术的关键又在于教育。是啊，偌大一片黄土地，纵横五省区，竟没有一所高等农林院校。“对，必须先创办一所西北农林高等院校。”

这个想法一提出，便得到许多有识之士的赞同和支持。1936年7月，地处陕西关中偏僻农村的西北农林专科学校开始招生，辛树帜继于右任之后为校长。当时该校设有农艺、园艺、森林、畜牧、水利、农业经济6个组。1938年，北平大学农学院、河南农学院畜牧系西迁，与西北农林专科学校合并，改称西北农学院，辛树帜改任院长。

大西北交通困难，条件艰苦，比如吃的水，都是从黄河里挑来的，倒进缸里以后，放一些白矾，搅拌后让泥沙沉淀下去才能饮用。许多著名教授考虑到这些实际困难，都不愿前往任教。辛树帜深知一所大学最重要的资源就是人才，他办学自有法宝，瞧瞧他是如何创办、管理兰州大学的，你就明白了。

有人说，没有辛树帜就没有今天的兰州大学。从1946年到1949年新中国成立，辛树帜治理下的兰州大学藏书增长了2倍，教师人数从139人发展到220人，招生规模也扩大了将近1倍，兰州大学已经发展成为一所院系设置齐全的全国综合性大学。当时的兰州大学流传着这样一首歌谣：“辛校长办学有三宝，图书、仪器、顾颉老。”这顾颉老指的就是以顾颉刚为首的一批国内知名教授。

对，辛树帜办学的首要法宝是招揽人才。这里就举他“拉拢”顾颉刚的例子。

民国时期，曾有一种说法，日本高校的教授普遍看不起中国学者，唯对顾颉刚的研究推崇备至。1927年，辛树帜在中山大学任教时认识了顾颉刚，二人志趣相投，相见恨晚，顾颉刚在自己的日记中将辛树帜称为“不变之好友”。辛树帜招揽人才的第一个目标就是他的好友顾颉刚。他每次到南京去开会或者到教育部去办事的时候，都要想方设法去宴请顾颉刚。精诚所至，金石为开。1948年6月中旬，顾颉刚辞别怀有身孕的夫人，“飞”到了兰州。

图书和仪器是辛树帜办学的另外两个法宝，这也是他在国外获得的宝贵经验。1945年抗战胜利后，在东南地区，图书价格一度是比较低的，但是后来随着内迁高校纷纷东返，南京、上海、苏州一带的书商们就筹划联合提高书价。得知这个消息以后，辛树帜紧急向教育部申请，提前拨款采购图书。他一有时间就到南京、上海、苏州的书店找书，发现有价值的图书，就立即采购下来。

由于民国时期通货膨胀严重，政府虽然能足量拨款，但学校还是常常资金紧张。辛树帜便用自己的薪水购买图书，无偿捐赠给兰州大学图书馆。今天，在兰州大学图书馆古籍阅览室里，我们时常能见到这样一些珍贵的古籍，上面盖有一方蓝色印章，写着“国立兰州大学图书馆惠存，辛树帜赠”。据说，其中有一本是当年辛树帜花了50两黄金购买的，是兰州大学图书馆的镇馆之宝。

在四处购书的同时，辛树帜还四处筹钱买仪器设备，不到两年时间，他为学校新增仪器设备数百箱。据说，当时买的德国蔡司的显微镜，直到现在仍能使用。

最后的冲刺

无数的"一瞬"之后，辛树帜进入了暮年。他倾尽一生心力的开发大西北的构想最终归结到了农业环境研究上。

兰州解放后，辛树帜欣然接受了新中国的重托，重返西北农学院。他先是倡议成立农业史小组，积极开展古代农业文献整理和研究工作。1955年，他参加了农业部召开的古农学研究会，主持并参与研究整理工作。1956年，他发起组织陕北农业生产和水土保持工作考察团，对陕北地区18个县，尤其是丘陵沟壑区进行综合考察。1958年，他著成《我国水土保持历史的研究》一文，由此开拓了一个新的研究领域——中国水土保持学。

"文化大革命"期间，辛树帜被冠以"反动学术权威"、"国民党的残渣余孽"等罪名，关入西北农学院伙管科的小院内隔离监护，失去了自由。当时，许多人来西北农学院外调，要他写出或证实某人"莫须有"的历史，或让他交代自己的历史，往往声色俱厉。但他不畏强权，坚持真理，以"诸葛一生唯谨慎，吕端大事不糊涂"警醒自己，从不乱说。

1971年底，辛树帜走出了"牛棚"，但此时，他多年苦心经营的古农学研究室已被解散，多年一起工作的战友、学生石声汉也已病故，妻子康成懿更是不堪凌辱而自尽。一连串沉重的打击，对于备受折磨的他来说，的确是严峻的考验，有人劝他退休，颐养天年，而他却出人意料地要求上班工作，做人生旅程中的最后冲刺。

1974年，辛树帜倡议组织编写《中国水土保持概论》的意愿得到了陕西省水土保持局的支持。1976年，已届82岁高龄的他，不顾同事亲朋再三劝阻，亲自带队前往四川、云南、湖南、江西、湖北等省，考察南方水土流失情况。1976年，《中国水土保持概论》初稿完成。

1976年这次南方水土考察，耗尽了辛树帜一生的积蓄，也耗尽了他全部的能量。在他去世后5年，农业出版社出版发行了他那本开拓性的著作——《中国水土保持概论》。

辛辛苦苦，独树一帜。

殷良弼：妙峰山林场“守护神”

人物档案

殷良弼（1894~1982），号梦赉，江苏无锡人，林学家、林业教育家、中国近代林业开拓者之一。

不知为什么，一提到林场，思绪总会飞到东北的茫茫林海，飞到知青唱主角的激情燃烧的岁月。知道吗？中国有一位近代林业开拓者，他的一生同林场密不可分，甚至直到现在，他的魂灵还在守望着北京妙峰山林场——那片他深深眷恋的绿野。

他叫殷良弼，老家在江苏无锡一个叫石塘镇的地方。打小，殷良弼就像小尾巴似的，跟在爸爸的身后，下地耕耘，采桑养蚕。他的那个小小的心里呀，装满了农事的艰辛，懵懂之中，一生为农的理想种子播下了。

心随农校一起走

即便是再贫寒的人家，也晓得想法子让孩子读书是头等大事。这不，瞧着聪明伶俐的儿子天天屁颠屁颠地跟在自己身后日出而作，日落而息，殷老爹欣慰之余，想得更多的是送他进学堂，得让儿子日后不再受苦、受穷。

“他娘，这事就这么定了，咱们省吃俭用，供孩子上学。”一天晚上，殷老爹向老婆传达了指令。那是一个多么阳光灿烂的日子呀，殷良弼穿着娘改了又改的“新衣”走进了镇上的私塾，他的人生由此同校园结下了不解之缘。

殷良弼就是争气，1912年，他以优异的成绩考入苏州省立第二农校，1914年以同等学力考入北京农业专门学校林科。1917年7月，成为我国高等林科第一期毕业生后，幸运之神眷顾了品学兼优的他——经学校推荐，他被北洋政府教育部选派赴日本东京帝国大学农学部林学科学习，主攻林产化学和木材工艺，并研习森林工程、森林治水、森林艺术及森林生产等学科。

祖国在召唤,母校在召唤。1920年8月,殷良弼学成归来,他的教师生涯开始了,他的那颗为农的心也随农校在硝烟和无限困苦中辗转起来。从北京农业专门学校到浙江农业专门学校,从厦门集美农林学校到西北联合大学农学院,从西北技艺专科学校到江西英士大学,从华北大学农学院到北京农业大学,再到北京林学院,殷良弼六十年如一日,为中国的林业研究及林业科技人才培养竭尽全力。

殷良弼的谦虚谨慎、事必躬亲是出了名的。在他参与筹建的那么多农校中,许多有关教育管理的规章制度,如订教育方案、聘师资、选基地、办林场、筹建实验室等,无不是他亲自动手带头干的。北京农业大学组建之初,林业科技人才奇缺,合并后的森林系学生寥寥无几,四年级没有学生,三年级只有一名学生,二年级不过十几人。殷良弼看在眼里,急在心上,他积极倡议并支持从其他各系动员学生转至森林系,使森林系一年级学生增加到了50人。

1950年,华北大学农学院原设在山西的森林专科学校由北京农业大学接办,并增设林业干部训练班,殷良弼兼任森林专修科和林业干部训练班主任。该班地处北京西北山区,距离校本部20余公里,校舍简陋,办学条件很差,生活十分艰苦,而他经常不顾道路泥泞,坚持定期步行上山上班。对别人往往难以开出的课程,他都欣然承担,先后开出造林学、森林利用学、林产制造学、森林工程学、木材学、木材工业、伐木运材及工程、理水防沙、造园学、林业史、林业法规管理、森林学、狩猎学、热带林业等14门课程。

都说字如其人,这一点在殷良弼对板书效果的追求上充分体现出来了。他将板书同教学效果联系起来,板书多、快、整齐,有时他甚至亲自刻蜡版,印发讲义给学生,以克服由于我国方言复杂造成的障碍。这种治学上精益求精的态度,让一个拥有学者风度和老黄牛精神的形象活生生地站在了我们的面前。

梦在林场上空飞

“办好林业教育,必先办好林场!”自从干上了农学园丁这个行当,殷良弼就无数次地强调这一点,他自己更是身体力行。早在任厦门集美农林学校校长期间,他就主持创办了天马山林场,学生们在那里学到了许多书本上学不到的东西。后来到浙江省任第四林场场长后,那里广阔的林业资源更是激发了他的兴趣:“光守着现成的林子不行,必须开发新的资源。对,四处看看,一定会有新发现。”这样想着,殷良弼出发了。他走遍了普陀山、宋六陵、会稽山、天台寺一带的山林,一番实地调查后,他认为应根据实际情况结合林业理论知识重新对林场进行设计,下大力气组织培育苗木、营造森林,而且他的心中始终想着为人师的责任——为林校学生提供实习基地,以培养更多的林业科技人才。

当林场场长只是殷良弼人生中的一段小插曲,他知道,他的归宿在学校,他的使命是育人。这不,他又回到了北平大学农学院。与以往不同的是,他不仅教学,还将林场办到了母校，还得了个林场主任的官衔。

那是怎样一幅热火朝天的场景啊！罗道庄北平大学农学院北门外的荒地上，殷良弼带着学生们挥锄举镐，平地拔草，休息时大伙儿围坐在地上，铺开一堆资料，有的同学还不时地在笔记上记着什么。鸟儿仿佛也知道这里将是自己的新家，索性肆无忌惮地站在地上唧唧喳喳地叫个不停。真是人多力量大，没多久，这片荒地就被开垦出来了。殷良弼心里那个高兴啊，他赶忙作建苗圃方案，在查阅大量资料及实地勘察后，选择了洋槐、国槐、榆树、油松、侧柏、桧柏等适生树种。经过精心培育，昔日的荒地变成了美丽的绿野，开了北平附近大面积营造人造林的先河，人们高兴地将这个实习林场取名为平西风景区。

抗战开始了，这片森林未能禁住连天的炮火，但有一种苗木的生命力极为顽强。瞧，它们在残酷的环境中倔强地生长着，生长着……今天我们在北京阜成门外钓鱼台以西玉渊潭公园看到的大片洋槐林，就是它们呀！

这个林场的成功创办让殷良弼的劲头更足了，他多方奔走，争取到当时教育部的同意，将其所属大、中、小学的植树造林地——西山薛家山林场，委托北平大学农学院接管，经过整顿，兼作学生实习用地，成为全国提倡植树造林的典范。继而，他又增建了老山分场和南口分场，南口分场在居庸关下，水土流失严重，经造林、挡风、保土，开了华北保持水土之先河。

此后的日子里，殷良弼的身影无时无刻不同林场联系在一起。观音寺、黑河、汉水上游的片片老林知道，殷良弼的梦在林场上空飞；陇南洮河、白龙江、西汉水流域的棵棵树木知道，殷良弼的梦在林场上空飞。他的这个梦哪，在新中国成立后落了地——北京农业大学施行：一年级学生不分专业，下农场，结合生产季节，干什么、学什么，实行教学、科研、生产三结合的农耕实习。1950年，为抵御帝国主义的封锁，林垦部决心自力更生，建立橡胶林生产基地。殷良弼认为这不仅是对帝国主义斗争的需要，同时对学生加强理论联系实际、增长专业才能也是一次极好的锻炼机会。他亲自率领北京农业大学森林系及森林专修科师生100余人，南下广东、广西、海南进行林垦调查……

从生产中来到生产中去

农学离不开田间，农学家必须有一颗农民的心。在殷良弼的心坎里，自己从来都是一个老农，所以，不管是教育还是研究，必须从生产中来到生产中去。在长年的生产实践中，他养成了一个很好的习惯：密切联系实际，生产需要什么，就研究什么，不追求大项目、大课题，注重小课题、实用题。

天天在林场里钻着，学的又是林产化学，研究开发点实用的东西是肯定的事。抗日战争前，我国烧炭技术落后，难以烧制成可供炼金银用的钢炭。殷良弼广泛收集并研究日本烧制各种炭的经验和技术，发明了“二重障壁制炭窑”，提升了木材炭化的质量和产量，取得了显著成效。另外，他还为商业单位研究烧制成功印刷镌版用磨炭呢。

都说靠山吃山，靠水吃水。殷良弼太晓得林副产品的利用价值了。他进行了很多项目的研究，比如：在北京地区引种薄荷并提炼薄荷油，利用棉花秆皮剥制纤维制造纸浆，研究剥棕榈皮制造各种用具，利用核桃榨油，在西北老林区研究栽培药材和食用菌，研究提炼香精油技术……这一系列研究项目成功后，接下来的工作就是推广，殷良弼是怎么做的呢？

成果是从生产中来的，当然要用到生产中去。殷良弼有那么多的林场，不说别的，试用一下总是不成问题的。一次次地生产，一次次地应用，好消息接踵而至，殷良弼成功了，他也由此被称为"林业科技战线上的实干家"。

时光如梭，在经历了求学的艰辛、乱世的磨难、追梦的坎坷、"文化大革命"的迫害后，殷良弼进入了暮年。1982年9月5日，已卧床不起的他坚持为中国林学会成立65周年纪念亲笔题词："绿化祖国。"同年12月16日，这位在林业教育战线上辛苦了一辈子的园丁在北京与世长辞，终年88岁。按照他的遗愿，他的骨灰撒在了妙峰山林场——那个他深深眷恋的、为之奋斗一生的地方。

袁隆平：

我那爱做梦的父亲

——杂交水稻的自述

人物档案

袁隆平（1930~　　），江西德安人，生于北京，现居住在湖南长沙，中国杂交水稻育种专家、中国工程院院士，被誉为“杂交水稻之父”。

我是一株水稻，我的老家在美丽的海南岛，我是不幸的：不知道亲生父母是谁，也没有兄弟姐妹。说来就让人心酸，我竟然出生在铁路桥边的一片沼泽中！唉！但我又是十分幸运的：在1970年水稻开花季节，我遇上了生命中的贵人——袁隆平，他改写了我的命运，让我成了人类的“福音”。2010年9月，我的再生父亲过完了80大寿，党和国家领导人都送了祝福，我呢，只能在心中默默祝福他老人家。新年到了，我想把我和他的故事给大家唠唠，我想让全人类都知道我这颗感恩的心。

父亲给我取名“野败”

那是1970年的秋天，父亲带着得意门生又来到了海南三亚南红农场。自从同杂交水稻打上交道后，他的“候鸟生活”便开始了。伴着稻香，父亲开始了沙里淘金般的寻觅。

父亲寻的是一种怎样的稻子呢？雄性不育野生稻，也就是我。1970年11月23日上午一上班，父亲的学生李必湖同南红农场技术员冯克珊就出发了，他们这天的筛查线路是三亚机场公路旁的沼泽地。他们还真是运气好，不长时间就发现了一片普通野生稻。这个李必湖可是得到过父亲真传的，对野生稻有着很深的认识，加上当时正值野生稻开花，生殖性状极易识别，所以发现这片野生稻后，他的信心特别足。

“我就是你要找的雄性不育野生稻呀，我在这里，在这里！”我使劲叫喊着，可他俩一点感应都没有，就那么弯着腰一株一株痴痴地查看着。“算了，耐心等吧，总会挨着我的。”没办法，我只能静静等待了。趁着这工夫，我再仔细瞧瞧这块生我养我的土地吧。虽然经常遭受汽车尾气的侵害，虽然无人疼无人爱，但我们还算自由自在，而且还能看到火车（这片沼泽的旁边有一座铁路桥），所以啊，要离开还真舍不得。不过，为了大地的丰收，为了千千万万的人不再挨饿，我得走出去！

终于，李必湖和冯克珊发现我了！他们俩仔细端详着我："三个雄花异常的野生稻穗，花药细瘦，呈火箭形，色浅呈水渍状，不开裂散粉。三个稻穗生长于同一个禾蔸，是从一粒种子成长起来的不同分蘖。没错！雄性不育野生稻！"没想到，我的身体里还蕴涵着这么多的知识。在我沾沾自喜中，他俩将我连泥挖起，小心翼翼地搬到试验田里栽好，等待老师也就是我的再生父亲袁隆平权威鉴定。

这是怎样的一位专家呀？架子大不大？长得帅不帅？说话好听吗？我挖空心思地想象着袁隆平的模样。一阵急促的脚步声传来，我睁大了眼睛：平头小脸，皮肤黝黑，土里土气的，像个农夫。专家就是这模样吗？他围着我仔细端详，那眼神好亲切，一种莫名的情愫涌上我的心头，我预感到他就要成为我最亲的人了。仔细地观察了好一阵子，他又采集了点花粉样品，放在显微镜下检验。"必湖，克珊，这确实是一株十分难得的野生稻雄性不育株！鉴于它是一株碘败型花粉败育的野生稻，就叫它'野败'吧。"就这样，我有了自己的名字，我的新生活开始了。

禾下也能乘凉

花开两处，各表一枝。为什么我的父亲对我这么熟悉？是什么力量支撑着他如痴如醉地研究我？

这里先说说什么是杂交水稻。杂种优势是生物界的普遍现象，利用杂种优势来提高农作物的产量和品质是现代农业科学的主要成就之一。选用两个在遗传上有一定差异，同时它们的优良性状又能互补的水稻品种进行杂交，生产具有杂种优势的第一代杂交种用于生产，这就是杂交水稻。

我父亲从西南农学院毕业时，经过激烈的思想斗争，来到了偏僻的湘西雪峰山麓，在湖南省安江农校当了一名教师。开始是教俄语课，学非所用，但他没有抱怨，而是干一行，爱一行。在这里，他以非凡的努力完成了知识与经验的积累，为以后研究我打下了基础。

1960年，一场罕见的饥荒席卷神州大地，安江农校宁静的校园也无法幸免。父亲响应党的号召，和学生们一起来到黔阳县的硖州公社秀建大队支农。老队长一脸企盼地对他说："袁老师，听说你正在搞科学试验，如果能研究出亩产800斤甚至1000斤的新稻种，我们就可以不怕饥荒了，苦日子也就可以结束了。"老队长的话像石头一样压在了父亲的心上，从那一刻起，他将"所有人不再挨饿"奉为终生的追求。

1961年7月，父亲在早稻常规品种试验田里，发现了一株鹤立鸡群的水稻植株，他当成宝贝一样呵护起来，直到收种。第二年春天，他把这株变异株的种子播到试验田里，结果证明了上一年发现的那个鹤立鸡群的水稻植株是地地道道的天然杂交水稻。他想:既然自然界客观存在着天然杂交水稻,只要能探索其中的规律与奥秘,就一定可以按照要求,培育出人工杂交水稻来,从而利用其杂交优势,提高水稻产量。就这样,父亲从实践及推理中突破了水稻为自花授粉植物而无杂种优势的传统观念的束缚。于是,父亲立即把精力转到培育人工杂交水稻这一崭新课题上来。

可是,杂交水稻是世界难题。因为水稻是雌雄同花的作物,自花授粉,难以一朵一朵地去掉雌蕊柱头授其他水稻植株的花粉来搞杂交,所以就需要培育出一个雄花不育的稻株,即雄性不育系,然后才能与其他品种杂交。父亲坚持认为,雄性不育系的原始亲本,是一株自然突变的雄性不育株,也能天然存在,中国有众多的野生稻和栽培稻品种,蕴藏着丰富的种质资源,是水稻的自由王国,外国没有搞成功的,中国人不一定就不能成功。

就这样,在1964年到1965年水稻开花的季节里,父亲每天或头顶烈日,或冒着风雨,脚踩烂泥,低头弯腰,在检查了4个常规水稻品种14000多个稻穗后,终于找到了6株天然雄性不育的植株。欣喜若狂之后是寂寞的试验,这一试就是两个春秋。那段日子,父亲满脑子都是高产水稻。一天晚上,他想着高产水稻,渐渐进入梦乡,结果在梦中他惊喜地发现种的水稻比高粱还高,稻穗比扫帚还长,稻粒像花生米那样大,他和助手们就坐在稻穗下乘凉!

多么美的一幅画面啊！正是有着这般痴情,父亲的梦离现实越来越近,越来越近……

我成了"东方魔稻"

现在有句时髦的话:方案订出来了,关键要落地。我被父亲取名为"野败"后,父亲没有自己关起门来研究,而是发动更多的科技人员协作攻关。他不是在试验田,就是在去试验田的路上。在这样的循环往复中,几年光阴不知不觉地过去了,父亲和他的助手们艰难地闯过了道道难关:1973年实现了"三系"配套,1974年育成第一个强优势组合"南优2号",而后攻克了制种关,1975年在湖南省委省政府的支持下,获大面积制种成功,从而使这项中国的第五大发明进入大面积推广阶段。

东方神话大幕拉开!

1975年冬,国务院作出了迅速扩大试种和大面积推广杂交水稻的决定,国家投入了大量人力、物力、财力,一年三代地进行繁殖制种,以最快的速度推广。1976年定点示范208万亩,杂交水稻开始在全国范围应用于生产,到1988年全国杂交水稻面积1.94亿亩,占水稻面积的39.6%,10年内全国累计种植杂交水稻面积12.56亿亩,累计增产稻谷1000亿公斤以上,增加总产值280亿元。

到2006年,我国累计推广种植杂交水稻56亿多亩,每年增产的稻谷可以多养活7000多万人口。不仅如此,杂交水稻还被推广到全球20多个国家和地区,种植面积达3000多万亩。父亲先后获得10多项国际大奖和"杂交水稻之父"的美誉,我也被称为

"东方魔稻"。

超级杂交水稻被誉为水稻的"第三次革命",也是父亲攀登的第三座高峰。那么什么是超级杂交水稻呢？这么说吧，亩产700公斤、800公斤、900公斤是一个什么概念？这就是超级杂交水稻！亩产700公斤、800公斤、900公斤分别是第一期、第二期、第三期超级杂交水稻的产量指标。

第一期、第二期目标已于2000年、2004年达到了，父亲开始攻克第三期目标难关。令人欣喜的是,这一目标在湖南隆回县羊古坳乡王洪清等农民耕种的稻田里实现了！我记得特别清楚,那天是2008年9月5号,许多专家齐聚在稻田中,他们的脸上都充满了惊喜。我知道,父亲又成功了！王洪清老人异常激动,他不住地说:"我喜欢种田,喜欢守望在田里看水稻疯长。尤其是有幸种上超级杂交水稻试验田后,激动得晚上要到田里走一圈才能睡得着。"他怎能不激动呢？1995年,他家5亩多责任田第一次种上"新香180"杂交晚稻。那一季,每亩收了500多公斤稻子,亩产比往年增加150多公斤,多收入200多元。而他耕种的1.1亩超级杂交水稻试验田,能多收500多公斤稻谷。

地里的杂交水稻绿了又黄,农民的谷仓里装满丰收的稻谷,在父亲的"科研跳高"下,"东方魔稻"旋风席卷全世界。

感谢那个美丽的园艺场

我沉浸在父亲的传奇中不能自拔,就像身在梦中。是啊,梦想有多远,追求就有多远。最后,我想给大家讲讲父亲儿时那个美丽的梦,因为他老人家的成功缘于此。

大约6岁时,父亲曾在武汉郊区参观了一个园艺场,满园郁郁葱葱,到处是芬芳的花草和鲜艳的果实。父亲觉得那一切实在是太美丽了,美得他当时就想,将来一定要学农。所以19岁考大学那年,他要报农学院。

这实在是出人意料。父亲的爸爸妈妈当然不同意,他爸爸当时在南京政府侨务委员会事务科任科长,他希望儿子报考南京的重点大学,日后学有所成,走学而优则仕的道路。父亲善良的妈妈也劝父亲好好想想,但一门心思想着儿时那个园艺场的父亲铁定了心。第一,爸爸要他报考南京的重点大学,是希望他能升官发财,光宗耀祖,对此,他毫无兴趣。第二,他想赴重庆求学。抗日战争时期的"陪都文化",对他有很大的吸引力;8个春秋的山城生活,使他同那方热土结下了深厚的感情。第三,大自然春华秋实的变化规律太奇妙了,他十分感兴趣。最终,他直截了当地对爸爸妈妈说:"还是让我报考农学院吧！"

没有指点江山的豪情壮志,没有功成名就的意气风发,有的只是质朴的表白,有的只是对美丽的特别感悟与无悔执著。时隔60多年的漫长岁月,父亲忆及当年的感受,仍不免双眼灼灼,神采焕发。可见当年那片花果鲜艳的园艺场,在风雨飘摇、国事艰难的年代,曾多么深刻地打动了一个孩子纯真的心。

今天，让我代表大家说出心头的感谢：感谢那个美丽的园艺场，感谢父亲那个美丽的梦。

不过，父亲的梦想可没有到此为止，尽管他已经80高龄，但他说："希望我90岁时，超级杂交水稻争取亩产达到1000公斤。"他认为，如果杂交水稻种植面积占到水稻总种植面积的一半，那么世界上的水稻总产量可以增加1.5亿吨，每年可以多养活四五亿人。

我骄傲，因为我有这样可敬的父亲。我要拔节疯长，因为我涌起的稻浪，正掀动着父亲更美丽的梦想……

后记 /POSTSCRIPT

从生产、流通到加工、消费，围绕中国粮食这一主题，单学科、单作物品类的图书并不少见，但对粮食经济全面的关注却还是个“被遗漏的角落”。由《粮油市场报》编撰出品的“中国粮油书系”无意间填补了这个空白。

中国是个农业大国，中华文明的核心就是农业文明，无论是回望粮油人物撩开古老文明的一角面纱，还是探秘广袤中华大地的种植文化，无论是解码粮油企业家的财智方略，还是对粮食产业的深度观察与思考，都是在做五谷文章，都需要潜心耕耘。我们深知，只有沉下去真正感知中国粮食经济的优势、劣势和发展潜力，才能读懂中国农业，才能真正助推粮食强国。希望这些来自粮油一线的观察、解读、感知、思考，能为涉农涉粮工作者提供一点有益的启迪。

本书系的出版凝聚了所有粮油市场报人的智慧，也凝结着众多领导、专家、学者的心血。特别感谢郑州粮食批发市场董事长刘文进、总经理乔林选，正是在他们的悉心指导和大力支持下，改版后的《粮油市场报》乘势推出了“中国粮油地理”、“中国粮油财富”、“中国粮油产业”等一系列专刊、专栏，为本书系的结集出版积淀了大量鲜活、生动、深刻的素材。

在采访、报道和编撰过程中，国家粮食局、中国农业发展银行、中国粮食行业协会等涉农涉粮部门、组织和个人给予诸多指导、关怀和帮助，不少采访是在他们的直接指导下完成的。许多来自一线的粮食工作者热情出谋献策，答惑解疑，无私协助，是隐藏在文章具名背后的英雄。在成文过程中，我们还参考了一些知名专家学者的专著或论点，摘录了部分媒体记者的报道资料，他们深邃的思想、精彩的论述为文章添色良多。在此一并表示诚挚谢意。

本书系的顺利出版还得益于河南大学出版社的大力支持和精心策划，他们派出精兵强将精心编校，提出了许多真知灼见。他们的辛勤付出使本书系最终能够走进“农家书屋”，呈放在您的案头。

本书系的统筹、组稿分别如下：《中国粮油地理探秘》、《中国粮油新视点》为裴会永、白俐；《中国粮油产业观察》为石金功、宋立强；《中国粮油财富解码》为张宛丽、任敏；王丽芳承担了《中国粮油人物志》的组稿工作，并独立撰写了该书。王小娟、王勃、孙利敏为本书系设计制作了封面和插图。其他作者因文中均有具名，这里不再一一列举。

虽然编者尽了最大努力，但由于学识有限，书中仍难免存在错漏之处，敬请广大读者不吝赐教，我们将在今后的工作中尽力完善。

打造精品图书　竭诚服务三农

河南大学出版社

读者信息反馈表

尊敬的读者：

感谢您购买、阅读和使用河南大学出版社的一书，我们希望通过这张小小的反馈表来获得您更多的建议和意见，以改进我们的工作，加强我们双方的沟通和联系。我们期待着能为您和更多的读者提供更多的好书。

请您填妥下表后，寄回或发E-mail给我们，对您的支持我们不胜感激！

1.您是从何种途径得知本书的：

□书店　□网上　□报刊　□图书馆　□朋友推荐

2.您为什么决定购买本书：

□工作需要　□学习参考　□对本书感兴趣　□随便翻翻

3.您对本书内容的评价是：

□很好　□好　□一般　□差　□很差

4.您在阅读本书的过程中有没有发现明显的错误，如果有，它们是：

____

____

5.您对哪一类的图书信息比较感兴趣：

____

6.如果方便，请提供您的个人信息，以便于我们和您联系（您的个人资料我们将严格保密）：______________________________

您供职的单位：______________________________

您教授的课程（老师填写）：______________________________

您的通信地址：______________________________

您的电子邮箱：______________________________

请联系我们：

电话：0371-86059712　0371-86059713　0371-86059715

传真：0371-86059713

E-mail：hdgdjyfs@163.com

通讯地址：450046　河南省郑州市郑东新区CBD商务外环路商务西七街中华大厦2304室

河南大学出版社高等教育出版分社